李金芝／著

小学高年级学生课堂注意力的培养研究

以实例向我们传达了学生注意力的重要性和相应的解决方法，让人感觉更为客观、真实，解决了教师和家长担心的小学高年级学生注意力不集中的难题，是小学教育中不可多得的一本好书。

光明日报出版社

图书在版编目（CIP）数据

小学高年级学生课堂注意力的培养研究 / 李金芝著
. 北京：光明日报出版社，2015.4（2021.8 重印）
ISBN 978－7－5112－8261－3

Ⅰ.①小… Ⅱ.①李… Ⅲ.①小学生—注意—能力培养 Ⅳ.①B842.3②G625.5

中国版本图书馆 CIP 数据核字（2015）第 078985 号

小学高年级学生课堂注意力的培养研究
XIAOXUE GAONIANJI XUESHENG KETANG ZHUYILI DE PEIYANG YANJIU

著　　者：李金芝	
责任编辑：陈　娜	责任校对：张明明
封面设计：范晓辉	责任印制：曹　净

出版发行：光明日报出版社
地　　址：北京市西城区永安路 106 号，100050
电　　话：010－63169890（咨询），010－63131930（邮购）
传　　真：010－63131930
网　　址：http://book.gmw.cn
E － mail：gmcbs@ gmw.cn
法律顾问：北京德恒律师事务所龚柳方律师

印　　刷：三河市华东印刷有限公司
装　　订：三河市华东印刷有限公司
本书如有破损、缺页、装订错误，请与本社联系调换

开　　本：170mm×240mm			
字　　数：252 千字		印　张：16	
版　　次：2015 年 4 月第 1 版		印　次：2021 年 8 月第 2 次印刷	
书　　号：ISBN 978－7－5112－8261－3			
定　　价：59.00 元			

版权所有　　翻印必究

序 言

"注意",是一个古老而又永恒的话题,它保证人及时地集中自己的心理活动,正确地反映客观事物。

俄罗斯教育家乌申斯基说:"'注意'是我们心灵的唯一门户,意识中的一切必然都要经过它才能进来。"注意从始至终贯穿于整个心理过程,只有先注意到一定的事物,才可能进一步去认识、记忆和思考。

人之所以能够排除其他事物的干扰集中全部精力去清晰地感知事物,深刻地思考问题,是因为注意力集中,一旦注意力分散,人的各种能力如观察力、记忆力、想象力、思维力等就会因为失去一定的支持而遭受严重的影响。所以,在我们人类认识世界、改造世界的过程中,注意力是不可或缺的。对于在学校进行系统知识学习的学生们来说,注意力对其学业成就的影响更是举足轻重。

注意力,是让孩子受益一生的能力。

注意力是孩子学习和生活的基本能力,它的好与坏直接影响着孩子的认知、情感、爆发力等身心各方面的发展。只有打开了注意力这扇窗户,智慧的阳光才能撒满孩子的心田,在未来的成长和发展中,孩子们才能集中注意力做好自己应该做的事情,才能将自己的精力都用在学习上,才能获得良好的成绩,才能一步步走向成功。

学生的学习过程是接受新知识的过程,在这个过程中,注意力的好坏至关重要。在同一年龄阶段,同一个班级里,常常会存在学习成绩差别很大的两个极端。造成其差别的原因,除了学习动机、学习态度及学习方法等方面的因素外,这两部分同学在注意力上的差距,也产生了重要的影响。进入中高年级,学生有了一定的自制力,但课程增多,内容也有所增加,对学生的注意力水平提出了更高的要求。然而,在学习过程中,有些同学上课总爱东张西望,做事丢三落四、没记性,这都可以归结为学生注意力容易分散,注意的分配、转移能力较差,这些都严重地影响了学习效果。据有关研究材料统计,5-7岁儿童聚精会神地注意某一事物的时间是15分钟;7-10岁是20分钟左右;10-12岁时25分钟左右;12岁以上是30分钟。正因为如此,教师调控学生课堂注意力的能力显得尤为重要。

注意力是学习知识的门户,注意力的好坏直接决定着学习成绩的优劣。如何尽快提高小学生的"注意力",提高学生成绩,已经成为众多教师和家长的当务之急。孩子注意力不集中,就容易分心,必然会影响到学习效率和学习成绩。其实,对于注意力不易集中的孩子,可以尝试着进行一定的具体训练,提高其注意力。

这本《小学高年级学生课堂注意力的培养研究》主要针对小学高年级的学生进行调查研究,通过课题组李金芝教师等五位教师将近一年的努力,共同完成了这项课题研究。

这项研究主要分析了小学高年级学生注意力差的分类和成因,最终形成了加强小学高年级学生注意力的有效策略和方法体系,提出了提高小学生注意力的有效方法。

该项研究采取"调查——研究——实践——总结"的模式,做到了在研究中实践,在实践中总结。通过调查问卷了解学生和家长对孩子注意力的重视程度,分析学生注意力难以集中的原因。研究中选取实验组的做法以具体实例来告诉我们学生注意力的重要性,并在实践的过程中不断探索、研究提高学生注意力的方法,通过学生的典型案例开展学生注意力转化和注意力加强的案例研究,将探索的提高学生注意力水平的方法应用其中,向我们展示了学生注意力对实验组与非实验组的影响。

这本著作以实例向我们传达了学生注意力的重要性和相应的解决方法,让人感觉更为客观、真实,解决了教师和家长担心的小学高年级学生注意力不集中的问题,是小学教育中不可多得的一本好书。

希望这本书能对读者提供借鉴,为正在烦恼孩子注意力不集中的教师和家长带来帮助。

吴安春

2015 年 1 月 15 日

吴安春,南京师范大学教育学博士,北京师范大学心理学博士后,中央教育科学研究所研究员,主要从事教育与心理科学研究;系世界课堂学习研究协会创始人之一、兼任全国教师教育学会学术委员、中华孔子学会理事、江苏省青年联合会第八届委员。

前　言

　　如果感恩，我首先会感恩2009年那场大型心理互动活动——莱阳市教体局组织，由包剑英、毛高山两位老师主持的大型心理互动活动。短短一天半的活动，像一把崭新的钥匙为我的教学生涯开启了一个能够投射进一束光的缝隙。我第一次听到了"心理健康教育"这个词汇。由此，我开始了网络世界的漫游，我不停地搜寻着有关心理健康教育活动的相关资讯。心理健康教育知识就这样一点一滴地润浸着我的心灵。时光的年轮就是在这样的磕磕绊绊中滑到了2011年，由烟台市教科院牵头，在烟台市中小学教师队伍中征求热爱心理健康教育的老师学习并报考心理咨询师，我成了其中的一员。我像一条在深山老林石缝中生存的小鱼，一夜之间看到了波澜壮阔的大海，我如饥似渴地学习着，一度到了忘我的境地。

　　学到手的知识不去运用该是一件多么令人遗憾的事情啊，我开始向学校领导申请在我们学校开设心理健康教育课。从不确定的第一节课开始，我摸索着教学，就这样，心理健康教育课在我校生根发芽。

　　我们的学校地处莱阳市城区西部，处在乡村与城区的交界处，是一座座落在城区的乡村小学。我们学校有80%的学生来自周边的乡村，很多学生过着早出晚归、中午吃小饭桌的生活。在太阳还没有醒来的时候，这群孩子就睁着睡意朦胧的眼睛踏上了走向学校的路。下午放学，他们在一路欢歌笑语声中回到家，这个时候，迎接他们的大多是孩子的奶奶、爷爷。少数幸福的孩子是妈妈在家作陪，还有一小部分孩子是在学校周边的小饭桌完成一周5天的学习生活，只有周末才能回家享受天伦之乐。说来不信，在这群孩子中，还有的孩子头上长有虱子。

　　为了让自己的孩子能够享受到比较好的教育，这些孩子的爸爸妈妈们用尽各种办法，把孩子弄到城区的小学学习。他们认为，自己家的孩子不比别家的孩子差。别家能为孩子做到的,自家也能尽最大能力做到,在淳朴的意识里,他们认为只要把孩子送到一个比较好的学习环境,只要自己把力所能及的物质支持给予孩子,孩子就一定会学到更多更好的知识,至于孩子树立怎样的人生观、价值观,孩子如何做人,他们认为,这所有的一切学校都会教的。

　　我来到这所小学三年了。在跟这群孩子相处的过程中,我常常被感动着。一个深秋的清晨,白霜挂满枝头,一个身材瘦削、红脸蛋、挂着两行清鼻涕的男孩小手捧着着一个软得透亮的柿子,在办公室的门口等着我,他凉凉的手长满了皴,一看到我,就腼腆地把变了形的柿子放在我的手里。我的课前,讲桌上必定有几颗酸枣子、一小把葵花籽、一个奇形怪状的西红柿、一个青皮萝卜、一块糖果,甚至一小块捏成团的面包。初次接到孩子给的东西,我是不屑于吃的。谁说不是呢?那么脏,不知道放在书包或口袋里用手摸了多少次,才会变得光溜溜。但时间久了,心里也渐渐生出了与学生一样的感恩情怀。这些孩子把自己认为最好吃的东西分享给喜欢的老师,这种情感是多么的质朴啊!我被他们小小的爱意感化着。渐渐地,我开始接受这种爱意,我知道最好方式就是一口吃掉。一个大口咀嚼的夸张举动,常常引来孩子们善意的满堂大笑。我想尽我微薄的力量帮助他们,回报他们,因为,他们教会我感恩,教会我真诚。

　　我思考如何针对学校学生的现状进行教育对策研究,怎样从学校教育入手对家庭教育进行引导。为了培养学生的课堂注意力,从而达到自主学习和自我教育能力,为学生的终身幸福奠定基础,我申请并开始着手进行"小学高年级学生课堂注意力的培养研究"工作。研究之初,我一边尝试一边实践一边修正,当思路逐渐清晰,我的动力也越来越足,心也开始变得不安分起来,我产生这样一些想法:一个小课题只做一年的时间,是不是有些短?刚刚有了眉目就戛然而止,是不是有些太可惜?

　　"时光如梭"这个词用在小课题研究的一年里再恰当不过了。很快到了小课题结题验收的阶段。我开始像秋收的田鼠一样,把自己的研究材料整理归类,满满的九个大盒子材料摆在了我的眼前。之前,为了方便检查,一切从简,我删了又删,可是总是觉得这些材料都像是我的孩子,扔掉它们多么地不忍心啊!

　　课题鉴定领导小组鉴定课题的那一天,我跟我的同事把课题研究的过程性资料搬到会议室的时候,招来了同时结题的其他 12 位课题主持人善意的玩笑:九大本课题研究过程性资料结成一个市级的小课题,亏大了。说心里话,我没有这种感觉。有的只是感动,感动于我的领导对工作的支持,感动于我的课题组成员的配合,感动于我的家长朋友对我工作的认可,感动于自己终于知道怎样去做一个课题。我为自己又学会了一件事情而自豪!

　　人是需要不断学习的,学习的过程也是成长的过程。一年的课题研究中,我已经能够游刃有余地跟那些令老师头痛的学生结为死党,当他们头顶着公鸡式的发型对我大声说"金芝老师,早上好!""金芝老师,再见!"的时候,我心里有的只是自豪。我相信每个成长中的孩子都是与众不同的,每个即将经历青春期的孩子都需要一个知心听众来诉说成长中的困惑,每个即将与小学告别的孩子都想与众不同。他们选择设计张扬的发型来昭示自己独特的个性。我欣赏他们的特别,也会找恰当的时机与他们肩并肩地聊天。之后,学生群中,公鸡头发型会消失,展现在老师面前的是一个个淳朴的小平头。我把这些都归为做小课题研究之外的收获。

　　一个小课题研究结题了,但对学生的帮助还在继续,我庆幸自己走进了心理健康教育的大门。跨进心理健康教育领域的门槛,我才知道我所知道的是多么微乎其微。可是,我就怀揣着这么一点心理健康教育的知识,在边学习边实践的过程中,我的学生受益了,我自己受益了,我的家人也受益了。我知道该用一种怎样平和的心态对待成长中的儿子,我知道了该用一种怎样的情怀对待我的家人,我更知道了,当自己处于不平静的时候怎样去调试自己的心态。我会继续学习,用更多的心理健康教育知识丰盈自己,然后让自己的热情去感染每一个学生!

李金芝
2015 年 1 月 10 日

目 录
CONTENTS

第一章 小学高年级学生课堂注意力的培养理论研究 ········· 1

第一节 背景分析 概念界定 2

 注意力的研究 2

 注意力的培养与训练 17

 注意力的分散研究与干预 26

 小学生注意力缺陷的分析与矫正 55

第二节 基本原则 理论依据 61

 开题报告 61

 课例研究制度 66

 课题组研究活动制度 66

第三节 阶段总结研究报告 70

 课题阶段总结 70

 阶段性总结 72

 研究报告 77

第二章 小学高年级学生课堂注意力的培养实践探索 ········· 89

第一节 问卷测试 调研反思 90

 小学生注意力测试问卷 90

 对调查问卷的整理与思考 94

第二节 操作实例 评价机制 99
　　小学生心理咨询记录表 99
　　提高高年级小学生课堂注意力的跟踪辅导记录表 113
　　提高小学生课堂注意力家长访谈咨询记录表 122
　　心理健康教育教学活动备课记录表 130
　　注意力训练听课观课(教学理念与课堂气氛)评价表 141
　　注意力训练听课观课(教学机智与教态)评价表 146
　　注意力训练听课观课(课堂时间分配)评价表 150
　　注意力训练听课观课(教师教学行为)评价表 157
　　注意力训练听课观课(学生学习行为)评价表 162
　　学生课堂行为观察统计表 167
　　学生课堂注意力观察记录表 175
　　小学高年级学生课堂注意力测试状况调查报告 191
　　实验班与非实验班成绩对比 196
　　小学高年级学生课堂注意力调查分析数据综合表 205

第三节 课堂策略 案例分析 206
　　如何提高学生的课堂注意力 206
　　集中学生注意力的九大策略 209
　　案例分析 213
　　心理健康教育活动课学生感言 223

第三章 课题《小学高年级学生课堂注意力研究》相关材料 231
第一节 课题研究申报表 232
第二节 课题鉴定申请表 235
第三节 自我鉴定意见 238

参考文献 239

后 记 242

第一章
小学高年级学生课堂注意力的培养理论研究

第一节 背景分析 概念界定

注意力的研究

"注意",是一个古老而又永恒的话题。俄罗斯教育家乌申斯基曾精辟地指出:"'注意'是我们心灵的惟一门户,意识中的一切,必然都要经过它才能进来。"注意是指人的心理活动对外界一定事物的指向和集中。具有注意的能力称为注意力。注意从始至终贯穿于整个心理过程,只有先注意到一定事物,才可能进一步去集训、记忆和思考等。

注意力是智力的五个基本因素之一,是记忆力、观察力、想象力、思维力的准备状态,所以注意力被人们称为心灵的门户。

由于注意,人们才能集中精力去清晰地感知一定的事物,深入地思考一定的问题,而不被其他事物所干扰;没有注意,人们的各种智力因素、观察、记忆、想象、和思维等将得不到一定的支持而失去控制。

学习注意力是指学生在学习时,他们的意识会指向和集中在书本、教师和教学过程中,是对学习的一种积极的情感状态。注意力是学生高效学习的重要保证,是提高教育教学质量的关键所在,是保证学生顺利学习的重要前提,也是智力活动的组织者和维护者。

一、注意的研究背景

虽然在心理学的发展历程中,不乏研究注意力的身影。但是由于注意既不能纳入心理过程的范畴,也不能纳入个性特征的范畴,所以直到上世纪50年代,注意力才被真正注意到。其中,注意力在学习心理中的发展历程简单整理如下:

行为主义虽然一贯排斥研究注意,但是行为主义学习理论中却也提到注意的重要性,在行为主义较流行的社会学习理论——观察学习理论中,他们指出,人类大量的行为都是通过示范、观察、模仿的途径获得的。根据班杜拉所分析的观察学习的四步骤——注意、保持、运动再现、动机确定,学习的首要步骤即是注意过程,且班杜拉解释到,有机体只有通过观察他所处环境的特征,集中注意观察所要模仿的行为示范,才能继续学习的过程,可以说注意是后面学习过程持续的基础。

认知学习理论的开始,把注意力的研究推向了高潮。认知主义学习理论认为,学习并非 S→R 直接地、机械地联结,而是以学习者的主观能动作用为中介来实现的。他们强调学习者的主观能动性。所以一切的学习目的即为调动学习者的主观能动性。虽然他们依然把人类获取信息的过程表述为感知、注意、记忆、理解、问题解决。但是认知心理学家们对注意的注意程度显然提高,例如,加涅提出的学习信息加工模型非常强调注意力在学习过程中的作用。他认为,任何一个教学传播系统都是"信源"发布"消息"、"信道"传递、译码再次处理为"消息",然后"信宿"接收的一个信息交流过程。在这个信息流中,他强调说:"学习者从环境中接受刺激从而激活感受器是学习的第一步,但是需要经过注意才能使外界信息转化为刺激信号,被人选择性感知,之后登记转换成声音或者形状的方式进入短时记忆。从学习者的角度看,有效学习行为的发生,学习者必须要有学习心向,同时,教学的措施要引起学生的注意,促使学习者将学习的注意力指向与他学习目标有关的各种刺激。"

同样,建构主义学习理论中也提到了注意力的关键性作用。建构主义强调学习是学习者主动通过新旧经验的双向相互作用来建构知识的过程,在这一过程中,学习者主动选择信息、注意信息,主动建构信息的意义。美国加州大学的维特罗克在解释他的生成学习模式时特别强调:学习过程不是先从感觉经验本身开始的,而是从对这一感觉经验的选择性注意开始的。

学习是一种普遍存在、尤其重要的人类现象,而在多种流派总结学习的过程中,都涉及到注意力的作用。把注意力对学习的重要作用呈现得更明显的是美国心理学家梅耶,他整合提出了简洁、通用的学习过程模式。梅耶的学习过程模式提出,学习者在外界刺激的作用下,首先产生注意,通过注意的指向性来选择与当前的学习任务有关的信息,同时利用注意的集中性忽视其他无关刺激,激活长时记忆中相关的原有知识。然后继续学习过程,直到完成。

(一)实践背景

我们西关小学的教师在实践中都能够发现这么一个现象:学习成绩好的学生与学习成绩差的学生之间明显的差别之一就是注意力的好坏。为了更深层次地解析这一现象,我们查阅大量文献资料并访谈多位专家后,整理出以下几种对学生学业成绩起到关键作用的因素:创造力、学习动机、学习风格、意志力、考试焦虑、学习策略、注意力、自我效能、言语能力、自我监控、逻辑思维,把这几种因素一一呈现给一线教师,让其指出对学生学业成绩影响较大的因素,得出结论:学生注意力是影响学生学习的重要因素。为了得到更有说服力的结果,我们对学生也进行了访谈。访谈结果表明:注意力是学生认为影响学业成绩中非常大的因素。

综合教师、学生访谈结果可见,注意力作为影响学生学业成绩的关键因素受到了教师、学生的共同认可。

(二)文献综述

1. 概念界定

注意是心理活动对一定对象的指向和集中,指向性和集中性是注意的基本特征。指向性是说由于感觉器官容量的限制,心理活动不能同时指向所有的对象,而只能选择某些对象,舍弃另一些对象。集中性是指心理活动能全神贯注地聚集在所选择的对象上,表现在心理活动的紧张度和强度上。注意能使所选择的对象处于心理活动或意识活动的中心,并加以维持,从而能够对其进行有效的加工。这说明注意不是被动的,而是具有积极的、主动的意义,是人进行心理活动的一个必要的条件,是学生进行学习活动的重要保证。心理活动既包括感知觉、记忆、思维、智力活动,也包括情感过程和意志过程等非智力活动,上述特点表明注意不是一个独立的过程,但是它是所有心理过程发生的一个不可或缺的背景条件。所以,早在1890年,著名心理学家威廉·詹姆斯就说过,注意是心理学的中心课题。

正如上文定义中所述,注意是人人都熟悉的一种心理现象,它的特点为指向性和集中性。注意的指向性是指人在某一瞬间的心理活动或意识选择了某个对象,而忽略了其余对象;注意的集中性指当心理活动或意识指向某个对象的时候,它们会在这个对象上集中起来,即精神贯注,兴奋性提高。且人在高度集中自己的注意时,注意指向的范围就缩小。如学生专心听课,他的心理活动不是指向当时对他起作用的一切刺激物,而是只指向教师讲述的内容,并且长时间地坚持指向这些内容,排除一切局外刺激物的干扰。

2. 注意的品质

注意的品质主要有注意的广度性、注意的稳定性、注意的分配和注意的转移。

注意的广度又称注意的范围,指在同一时间内一个人清楚直觉对象的数量,注意对象数量越多说明我们的注意广度越大。

注意的稳定性也称注意的持久性,是指注意在一定时间内相对稳定地保持在注意对象上,注意的稳定性表现的是注意的时间特征。

注意的分配指人在同时进行两种或几种活动时,能够指向不同的注意对象。学生在课堂上边听边记便是注意的分配活动。

注意的转移指根据新任务,主动把注意从一个对象转移到另一个对象上,即是注意切换速度的特征。

3. 注意发生机制

针对注意力的心理发生机制,其中三种理论模型对我们的影响比较大,分别有知觉选择模型、反应选择模型和容量分配模型。前两种选择模型都认为外界大量的信息首先要经过注意力通道才能最后进入高级中枢进行进一步的信息加工。只是前者认为注意力通道是唯一的,即只允许一条通道上的信息经过并进行信息加工,而其余通道则全部关闭,好比日常用品"过滤器";后者则认为所有通道同时开通,只是信息会逐步减弱。综合两者,目前人们倾向于把两者合并为"过滤器——衰减模型"。

容量分配模型则从注意分配的角度来解释注意力的心理发生机制。其核心概念是把注意力看成资源,且是种有限资源。即人们利用注意力资源可以同时做几件事情,但是资源总量是有限额的,超过注意力资源限额则不能完成任务,即为容量分配。

二、注意力研究现状

国外近期对注意力的研究主要集中在注意力缺陷障碍上,如有关婴幼儿发展的联合注意领域的研究。同时,由于注意是个体进行认知加工的重要条件,因此,很早以来,儿童在学习上存在的注意问题受到了国外诸多研究者的关注,且目前大量研究表明,存在注意缺陷是学习不良儿童的特征之一。国外在运动注意力方面,不注意视盲(inattentional blindness)的研究以及与此相似的变化视盲(change blindness)、注意瞬脱(attentional blink)等的研究也比较多。

在注意力对影响学习成绩方面的研究,国外研究主要集中在注意稳定性和广度上。Anderson 研究发现,在 CPT 中,学习成绩差的儿童错误率和疏漏率都较高,从而认为学习成绩差的儿童注意力差。Swanson 等发现在 CPT 中,学习成绩差的儿童的错误率和疏漏率都高,但在时间上无差异。国内针对注意力的研究大致从经济、体育运动、学习障碍者等几个角度进行,从期刊文献来看,针对正常学生的注意力研究文献相当有限,且大多距今已久。经过整理,大致可从三个方面进行概况:注意发展研究、注意力培养研究以及注意力与学业成绩的关系研究。

(一)注意力发展研究

国内对注意力研究较早的是阴国恩、曾隶等人,他们通过对363名学生的测试,对无意注意的操作定义及其发展进程进行探索,研究结果表明:无意注意是事先没有目的、也不需要意志努力的注意力,它属于注意的一种。同时数据结果表明:小学低年级的无意注意已有较完善的发展,且儿童无意注意的发展曲线与有意注意不同,儿童期有意注意的发展是递增的,随着年龄的增长,有意注意的水平越来越高。而无意注意总体发展曲线随年龄增长而递增,当达到最高水平后,又随年龄增长而缓慢下滑。

张曼华、杨凤池等人对注意力研究比较全面,他们采用不同测验方法对注意力广度、稳定性、转移性等品质分别进行研究。除此之外,对注意力品质进行全面研究的还有陈国鹏、金瑜、林镜秋、刘景全等人,其中金瑜等利用《中小学生注意力测验》对全国范围约2000名被试者进行了测验,结果表明,注意力的速度与范围随其年龄的增长而逐步发展,注意力分数有年龄差异但无性别差异。刘景全、姜涛通过对100名小学二年级和五年级学生注意品质的实验研究,得出结论:小学生注意力广度总趋势与杰文斯的经典实验趋势一致;小学生注意力稳定性男女生之间无显著差异,且二年级至五年级发展迅速;注意力分配二年级至五年级之间没有显著差异,且男女生之间也无显著差异。在注意力发展研究中,最多的还是把注意力个别品质作为研究对象,如1989年,陈惠芳、程华山等利用速示器呈现电子图对儿童注意力广度进行了实验研究,且在1990年深入地对学生注意力广度与其智力的关系进行了实验研究。

李洪曾、胡荣萱等几位老师首先对幼儿园学生的有意注意的稳定性进行了研究,随后用"校对法、改错法"对中小学学生的注意稳定性作了进一步的研究。刘景全、姜涛等人利用注意力划消测验法对小学生某些注意品质进行研究。张灵聪则利用"注意稳定测量仪"对上海市59名小学生进行研究实验,得出结论:在学生的小学阶段,注意稳定性随年级的升高而提高。苏州大学研究生凌光明在其毕业论文《小学低年级学业不良儿童的有意注意稳定性研究》中,通过"听录音辨错测验"对苏州市区1-3年级共计824名小学生进行注意稳定性实验,得出结论:儿童从一年级(初入学)到三年级,其有意注意的稳定性都开始迅速发展。女生的有意注意稳定性一直都高于男生。在7岁前,男女生有意注意稳定性发展速度基本相同,两者之间差别不大,从7岁开始,女生发展速度显著加快,在7—8岁间最快,以后(至10岁)男女生发展速度基本相同,但两者之间差异显著。

注意力的分配研究一般采用双作业操作记录反应时的方法来测定,方式有声音刺激测验或灯光刺激测验,主要研究者有刘景全、林镜秋等。其中,林镜秋在《大中小学生注意力转移的实验研究》一文中,将250名学生分成五个年龄组进行实验,结果表明:年级越低,转移速度越快,随着年龄增长,注意力转移速度大大缩短。其中,小学二年级至五年级为第一个上升期,小学五年级到初中二年级期间是第二个发展上升期,此后,初中二年级至高中二年级为发展的停滞期,从高中二年级到大学二年级为注意力转移发展的第三个缓慢上升期。同时,同龄男女注意力转移性发展水平大体一致,无显著差异。

(二)注意力培养研究

张雪梅在《论学识注意力的培养》中提出,注意是智力因素和非智力因素的结合点,是非智力因素参与智力活动的关键,因此,加强对学生注意力的培养是非常重要的。谭怡钧在《学生注意力的培养策略》中提到:"尽早地提高和改善学生注意力的品质,对于学生智力的整体提高意义是巨大的。"同时她提到:"在注意的诸多品质中,注意的稳定性具有代表性意义。"张灵聪较早对注意力培养进行了研究,他依据"当人在想象单摆摆动时,手部肌肉就会产生像实际摆动一样的肌肉电流,进而使手产生不自觉的摆动,最后导致单摆摆动"的原理研制出"注意稳定训练仪",此仪器与以往"注意集中能力测定仪""注意稳定性测试仪"和"追踪仪"等相比较,以往三种仪器均是从外部刺激(简称外控)来测量或训练人的注意稳定,而张灵聪的"注意稳定训练仪"则是通过想象(内控)来训练人的注意稳定,所以更有利于提高被训练者的自控力。

甄鹏在《注意的研究与小学生的发展》中提到:有条件的抄书训练和加法训练能显著提高小学生注意力。殷恒婵则利用恩师TM(MC2StudyTM)注意力训练仪对221名中小学生进行注意力培养的前后测试实验,结果表明,经过训练,学生的注意力稳定性、注意广度、注意分配和转移性都有不同程度的改善,其中注意力稳定性这一注意基本品质的提高速度最快。而张英萍、刘宣文则采用认知行为训练方法改进小学生课堂注意行为,结果表明:对个案进行认知行为训练是非常有效的。另外,许多研究表明,拉丁舞练习、书法训练、围棋、早操、身体以及情绪控制训练等,都对学生的注意力尤其是注意力稳定性有明显的提升作用。

(三)注意力与学业成绩关系

李洪曾等通过对学习成绩、学习能力、注意力稳定性之间的简单相关关系研究发现,注意稳定性对学习成绩的影响程度比学习能力的影响还大。且注意稳定性对学习成绩的影响,主要是通过影响智力活动进而影响学习成绩的。

甄鹏对145名小学生进行研究发现:小学儿童注意水平与其学业成绩呈

正相关。低、高年级相关不显著,中年级相关显著。张曼华、刘卿对注意力与小学生的学习成绩进行研究,结果表明:注意广度、注意分配、注意稳定性中划消速度与学习成绩呈明显的正相关,注意转移与学习成绩无关。袁忆达、姚昉通过对199名学优生和学困生的研究发现:学业成绩优秀的学生的注意力水平显著高于学业成绩较差的学生的注意力水平。另外有研究表明,学习成绩差的儿童注意稳定性并不差。且也有研究结果与以上结果相差甚大,如凌光明通过对1-3年级小学生注意力稳定性与其学业成绩的相关研究发现,1、2年级女生的有意注意稳定性与学业总成绩及语文、数学成绩显著相关,男生有意注意的稳定性与语文学业成绩呈低度相关,但与数学成绩相关不显著。3年级学生注意力稳定性与其学业成绩没有表现出相关性。

通过对学生注意力与不同科目学习成绩的相关性调查中,我们发现:注意力与学生各科学业成绩之间存在相关关系,且在9-13岁期间注意力与学生学习成绩的相关关系达到显著阶段。这一点与以往研究者对注意力与学生学绩间关系的研究结论是一致的。如甄鹏发现,小学儿童注意的集中性与稳定性同儿童学业成绩有着正相关的趋势,但低高年级两者相关不显著,中年级两者相关显著。袁忆达、姚昉的研究指出:学业成绩优秀的学生的注意力水平明显高于学困生的注意力水平。程华山、陈惠芬的研究也发现:儿童注意力广度与其学习成绩存在显著正相关关系。而张曼华、刘卿对82名9-11岁小学生进行注意力品质与学业成绩关系的分析也发现:除注意转移与学习成绩无关外,其余注意力各品质均与学业成绩存在明显相关关系。

由此可以肯定我们的结论:学生注意力在9-13岁时期与学业成绩的相关关系达到显著水平。

为什么在学生其他时期的注意力与学业成绩相关关系没有达到显著水平,究其原因,可能与学生学习环境及注意力发展状况有关。对于刚刚入学的小学生,注意力对其学业成绩的影响固然重要,但是由于现代教育形式的特点,使得很多学生家长在学生入学前就对其进行较多的补习班式的学习教育。另外,低年级学生作业比较简单,正确率高,尽管其注意力水平参差不齐,但是在学习成绩上表现不出来。高年级学生的学习任务较重、教材较难,作业中出现的错误大多缘于不会做,因而可能出现"注意力水平虽高但学习成绩较低"的现象,这同时表明注意力并不是决定学生学习好坏的唯一因素。而小学三、四年级学生开始接触大量复杂的数学运算、英语语法知识等,其受教育的内容相比,无论从量上还是质上,都有很大的增加。因此注意因素的参与显得尤为重要,题目会做但因为注意力不集中而导致错题的现象较多,且较普遍。因此,中年级学生注意力水平会显著地影响其学业成绩。所以导致出现这样的结果:在小学前期阶段,注意力对学生学业成绩的影响并没有达到显著性,反而是在小学阶段后期和初中阶段,学生的注意力与学业成绩的相关系数达到显著水平。

另外,通过对注意力与学生语文、数学、英语不同学科的相关关系分析,我们得出:"语文、数学、英语三个科目中,注意力与数学成绩相关的年龄段数目最多,与语文、英语相关的年龄段数目大致相同"。为什么会出现这个结果呢?我们从语文、数学、英语三门学科的学科性质角度进行分析。首先,语文科目和英语科目的学科性质相似,都是工具性和人文性的统一。它们是人类最重要的交际工具,是人类文化的重要组成部分。可以说语文、英语是跟人类生活息息相关的学科,它出现在人类日常生活的每一个角落。而数学的学科性质则是研究存在的(或称客观的、现实的)的形式或关系、研究思想的(或称主观的、先验的)的形式或关系的科学,即数学是关于逻辑上是可能的、纯粹的(即抽去了内容的)形式科学和关于关系系统的科学。一般认为,作为科学的数学具有抽象性、逻辑严谨性和运用广泛性这三个特征。所以相对语文、英语这种工具性、人文性的学科来说,学生学习数学科目需要占用的脑力资源是非常多的,由此可知,学生学习数学科目对注意力的需求标准更为严格。

三、注意的分类

(一)无意注意

无意注意是没有预定的目的,不需要意志努力就能维持的,无意注意又叫不随意注意。你正在听讲,教室的门突然被人打开,你不由地看了一眼,这就是无意注意。强度大的、对比鲜明的、突然出现的、变化运动的、新颖刺激的、自己感兴趣的、觉得有价值的刺激更容易引起无意注意。

（二）有意注意

有意注意是有预定的目的，需要付出一定意志努力才能维持的注意，又叫随意注意。上课认真听讲，下课专心读书，目不斜视，心不二用，这都是意志努力的结果，都是有意注意。有意注意是在无意注意的基础上发展起来的，是人所特有的一种心理现象。对于学习和工作来说，有较高的效率。要充分发挥有意注意的效率，就要加深对活动目标的认识，并要培养广泛的兴趣和优良的意志品质，加强抗干扰的能力。

（三）有意后注意

有意后注意是一种既有目的，又无须意志努力的注意，又叫随意后注意。学骑自行车的时候，注意力非常集中，这是有意注意。学会骑自行车以后，作为交通工具天天要骑，骑自行车慢慢成了熟练的技能，不需要多少注意，骑自行车的动作就可以顺利进行下去，这时骑自行车就成了有意后注意。所以，有意后的注意是在有意的基础上发展起来的，开始是有意注意，通过学习既熟练了学习的对象，又有了兴趣，这时即使不花费多大的意志努力，活动也能继续维持下去，这就成了有意后注意。

四、小学生注意力的特点

（一）不随意注意占主导

不随意注意也就是无意注意占主导，小学阶段的儿童由于年龄较小，自制能力较差，所以此阶段的儿童在课堂上不能集中注意力，外界的干扰物会很容易分散他们的注意力，所以必须在教师和家长的指导下进行，他们对于学习还没有太多的理解和认识，只是在完成规定任务而已，而且大部分的孩子还是会以游戏为主，并没有真正接受学习这项新的学习任务，这就会导致他们在课堂上注意力不集中，对学习没有一定的目的性。

（二）注意的稳定性差，持续时间短

对选择的对象注意能稳定保持多长时间的特性叫注意的稳定性。注意维持的时间越长，注意越稳定。小学生的注意力持续的时间较短，他们不能自始至终的集中注意力完成一件事，经常一个活动或游戏没完成，就换为另外一个活动或游戏。另外,在做功课或做其他事情时,不注意细节,粗心大意,经常出错。他们心不在焉,常无法专心倾听他人说话,在完成需要持续注意的任务时有困难,不能把注意力集中到同一个问题上,他们很容易受外界刺激而分心,注意力的保持时间较短。

(三)活动过度

这类小学生最明显的表现是:很难遵守课堂纪律,不能自己安静地坐在座位上,会不停走动。他们在需要安静的时候,也静不下来,无论什么场合都会无所顾忌地跑来跑去。这样的儿童活动量较大,往往活动起来就不容易停下,很难安静地做事情或玩游戏,常常无缘无故地大声说话,且话很多。

(四)行为冲动

这类小学生不经过思考就行动,想做就做,从不考虑后果,即思考落后于行动,组织活动时存在困难,没有很好的自我监控能力。别人谈话时,他们往往耐不住性子,会不自觉地打断别人的谈话,控制不住自己,在游戏和团体活动中,无法耐着性子等候或排队。

五、影响小学生注意力的因素

(一)先天生物因素

1. 遗传因素

罗皮兹发现四对同卵双生子在注意缺陷上有100%的一致性,而异卵的六对双生子只有17%的一致性。其他研究者的研究结果表明了儿童注意问题的发病率与遗传因素有着极为密切的关系。

2. 出生前后的某些不利因素

有一些研究表明,出生前或出生时的一些有害事件可能会导致儿童神经上的损伤而引发日后的注意问题。例如,母亲在妊娠中患毒血症、高血压和早产等孕产期并发症引发的儿童缺陷的比例比较大。

3. 生物化学因素

20世纪70年代以来的一些生物化学研究表明,注意缺陷与某些生物化学物质有关。有研究者认为儿童注意缺陷与单胺代谢有关,与维生素缺乏、食物过敏、糖代谢障碍有关,另外铅等重金属中毒、人造食物添加剂以及自然界的水杨酸盐的作用都有可能成为注意缺乏的原因之一。

4. 中枢神经系统因素

影响小学生注意力的因素主要是内在中枢神经系统的发育或大脑生化问题。自从20世纪40年代,人们首先将多动现象与大脑损伤联系起来,医学家、生理学家和生化学家都一直在尝试寻找造成这一障碍的生物因素,研究发现:额叶区影响着注意力的发展,主要表现为注意力的缺损者在此区域的代谢活动要少于正常的儿童。神经化学方面的研究则发现注意力可能与多巴胺神经系统有关,多巴胺活动功能减低会导致注意力的分散。神经生理学研究较宏观地考察了注意力在神经通路上的兴奋和抑制上的活动状况,这些都是影响注意力的神经机制方面的原因。

(二)环境因素

1. 学校环境

学校作为学生学习的主要场所,学校环境的好坏会直接影响学生的注意力。

(1)学校的地理位置会影响学生的注意力

如果学校临近繁华街道或市中心,由于市中心车辆繁多,排放的废气中有对儿童大脑损伤非常严重的铅,这样会使学生的健康受到影响,从而不能集中注意力。同时也违背了学校地理位置的另外一个重要原则:安静——很难设想,学生每天在喧闹的环境中如何集中注意力学习。学校地理位置的另一原则是空气新鲜,周边不要有化工厂、酿造厂、食品厂等单位,这些工厂排放的有气味的物质通过嗅觉通道影响、分散孩子的注意力。

(2)课堂环境的好坏更会影响小学生的注意力和成绩

首先,要保证教室环境的整洁干净。例如,教室里空气新鲜能使人大脑清醒、心情愉快,从而提高学习效率;如果空气污浊,则容易使人大脑昏沉、眩目恶心,大大降低教学效率;教室温度高了,会使人心神不定、心情烦躁、昏昏欲睡。在这样的环境下学生会很难集中注意力。其次,教室环境应避免过多的刺激干扰,小学生的注意力很容易分散,所以,教室环境尽量避免无关干扰物的出现,排除一切可能干扰的因素。最后,教师讲课的风格也会影响小学生的注意力。

(3)教师讲课的语调、神情和教具的使用等都会影响学生的注意力

首先,教师的语调对注意力的影响,如果一堂课只用一种语调,学生易疲劳,注意力会下降,如果教师讲课时语调动人,抑扬顿挫,则会唤起学生的注意力。其次,如果教师在讲课时神态单调呆板、生硬,则会使学生疲劳,从而注意力下降。教师应根据讲课内容适时变换神态。最后,教具的使用会增强学生的注意力,但要注意,用完后应立即收起,如其不然,学生会将无意注意投放到教具之上,注意力分散。

2. 家庭环境

家庭是孩子启蒙教育的第一站。家庭对儿童来说,其重要性不仅体现在"现在",而且关系到"将来"。首先,要创造安静的家庭学习环境,要让孩子专心学习,家长首先要自己安静,不要做分散孩子注意力的事,如看电视、大声议论或哈哈大笑等。家长也可认真看书学习,以模范行为让孩子效仿。在孩子学习时,不要过度关心地唠叨,问这问那,更不要在孩子学习的房间接待客人,干扰孩子,使他无法集中注意力。其次,要建立良好的家庭氛围,家中的气氛亦必须稳定,避免经常搬家及太多的人出入。切忌同时买太多的玩具及图书给孩子,使他左顾右盼,不知所措,而无从培养仔细、耐心、反复和专注一件物件的习惯,从而导致注意力的分散。最后,家长应该以身作则,因为家长是孩子的第一任老师,家长的一举一动都会潜移默化地影响到孩子,如果家长在做事的时候能表现出专心、坚持和耐心,以此作为教育孩子的榜样,那么孩子的注意力就会容易集中,如果家长做出相反的榜样,那么孩子的注意力就会不稳定。在教育孩子集中注意时,一旦发现孩子有专心的表现,就应加以鼓励和称赞。

六、注意力的测量方法

有关注意测量,最基本的方法是家长或教师评定法、行为观察法,但由于上述研究方法的主观性使得教师和父母对学生测量的准确性不高。所以随着对研究结果精准度要求越来越高,更科学的测量方法也就出现了,如生理检测法、实验室测量法等。操作测试 CPT(Continuous Performance Test)是如今国外比较流行的一种方式。而 1987 年由 Dr. Greenberg 设计的 TOVA 测

验则是目前国际上常用的 ADHD 测查法。

在我国,长期以来有关注意的研究多为思辨研究,其中涉及实验的部分也多为应用国外量表开展的简单实验研究,整体缺乏对注意的实质性研究。但令人欣喜的是,从各种文献期刊中我们发现,自 1990 年中后期起,我国学者对注意的研究逐渐进入了一种应用先进科学仪器、自编测验、独立开发软件系统的进程中,呈现百花齐放、齐聚争艳的态势。我们把上述研究从测量方法上划分为以下三种类型。

(一)利用仪器进行测量

20 世纪 90 年代中后期,白炳良依据"注意集中,人体肌肉紧张收缩;注意分散,肌肉明显松弛"这一生理特点,设计开发了以单片机为核心部分的"注意稳定测量仪"。此仪器经过多次测试和实际使用,结果表明其工作稳定可靠,不仅给心理学工作者提供了测量方法,同时也为训练人的注意力提供了一种新的方法。2005 年,张运亮、李宗浩等采用"ACL504 型眼动仪"对后卫位置男子篮球运动员和普通大学生在注意篮球比赛实景图片时的眼动特征进行视觉搜索模式的比较研究。

2007 年,刘成刚等把注意作为一个动态的实时过程来评估,以儿童在作业中反应状态的波动情况作为新的指标,开发研制了基于 CPT 技术的儿童注意力检测单片机 SCM – CPT 测试仪,并对 98 名普通小学生进行注意力测试,为新指标建立了参考性评价标准。

(二)编制问卷进行测量

1998 年,陈国鹏、金瑜等人通过对全国约 2000 名被试者的测试,从注意力的稳定性、广度、转移等多个注意力品质出发,编制了《中小学生注意力测验》。通过施测表明,此测验信效度符合心理测量学标准,是测验中小学生各年龄阶段儿童注意力的有效工具。

2001 年,凌光明采用自行编制的"辨错测验量表",对小学 1—3 年级学生进行"听录音辨错测验"。结果表明,"听录音辨错测验"是测量小学低年级儿童有意注意稳定性的有效工具。

2003 年,殷恒婵通过对 6 个已有注意力测验形式的筛选,编制了《青少年注意力测验》,此测验包含 4 个分测验,分别为注意力转移、稳定性、广度和分配,评价指标为4个测验的正确反应数。通过对221名青少年以及95名青年运动员的施测,证明此测验具有较高效度,是测验青少年阶段注意力的有效工具。

(三)研发系统进行测量

1999年,叶龙、沈梅等人利用VB5.0在开发数据库前端应用程序方面的优点,开发了"注意力集中与转移和瞬时记忆力的测试系统"。同年,赵先卿、马翠娥等人也研制开发出"注意广度测试系统(Test System for Notice Scope,简称TSNS)"。2001年,王晓芬、姚家新运用Visual C++6.0编制开发了一款注意力测试软件——"WT-注意力测试软件",其设计思想来源于中国科学院心理学研究所20世纪90年代研制的"注意的综合品质测试"。此测试软件测试有关注意力的综合品质的高低,如注意的广度、稳定性等。经过实证研究,此测试软件不仅可用于运动员的注意力测评与心理训练,也可以用于其他群体的注意力测评及训练。

同年,李永瑞等人自行开发的"BT-LYR注意能力测试软件(1.0版)",从注意力的稳定性、注意广度、注意分配、注意转移四个维度编制,从选拔和训练特种人员的角度出发,旨在为高水平的乒乓球、拳击、跆拳道和击剑等运动员以及飞行员和雷达兵等特种操作人员的注意能力提供客观的测量和评价工具。

现在,社会上有很多针对学生注意力培养的公司机构,但是这些机构培养的对象大多是存在注意力问题的儿童。婴幼儿儿童注意力培养确实很重要,但是对于刚刚入学不久的小学生以及处于以抽象逻辑思维为主要思维形式的过渡时期的初中生,他们的注意力发展仍然是飞速的,所以,在中小学时期对学生们的注意力的培养也是非常必需且有用的。对当前教师进行有关"学生问题行为"的询问时,他们的第一反应要么是注意力问题,要么是课后作业问题,显然对学生注意力问题很重视,但是如何提高学生注意力方面无从下手,找不到很好的解决办法。一方面,由于教师的专业限制,对学生注意力的构成及发展规律不是很清楚,甚至意识不到某些学生学业成绩问题是其注意力问题造成的。另一方面,由于教师对注意力认识的偏见和误解,部分教师认为注意力培养只是在很少部分的学生身上适用,而大多数学生都不需要注意力培养。但是学生注意力的发展是从小学持续到初中、高中的。所以相对注意力发展,注意力培养在学生的任何阶段都是必需的,且要融入日常教学活动中。

注意力在中小学期间不存在明显的性别差异,但存在显著的年龄差异。一方面,日常生活中也许我们会认为男同学的注意力要低于女同学,但是经过仔细推敲我们不难发现,由于注意力由不同的品质组成,如注意广度、稳定性、转移性、分配性。也许男生的注意力转移性品质会较女生好些,而女生注意力稳定性品质会较男生优秀些。那么均衡综合考虑,男女生注意力水平没有性别差异也是符合规律的。另一方面,由于年龄的增长,不同阶段学生注意力的发展水平不同。小学、初中阶段是注意力发展最迅速的时期,所以在注意力培养上要加大力度。而高中阶段,虽然注意力对其学业成绩还是有很大影响,但是由于其注意力水平已经发展到统一的较高水平,且增长速度已经非常缓慢,所以在培养注意力的力度上可以适当降低要求。而在中小学任何阶段,注意力的培养都要注重个别差异的问题。如针对学生课堂走神儿现象,可反复向该同学提问问题的方式来培养其注意力。而针对部分学生作业拖拉、完成质量又差的问题,我们可以采用自我训练的方式,让学生通过自己的努力提高其注意力水平。

注意力的培养与训练

提到注意力问题,多数家长老师首先想到的便是"多动症"或称为"注意力缺失症"。"注意力缺失/多动症(ADHD)"诊断标准包含不专注、多动、冲动等行为模式,并分为两种类型:"多动——冲动"以及"无多动——冲动"。据统计,儿童期的 ADHD 罹患率为 3%—8% 左右。可见,注意力缺失症只是注意力不集中的极端表现,并不代表学生的普遍状况。2006 年,中国关心下一代工作委员会事业发展中心联合中国社会心理学会对全国青少年注意力状况的调查结果显示,学生中自认为上课时能集中注意力的比例仅为 58.8%,在一节课中能坚持集中注意力 30 分钟以上的仅有 39.7%。可见,注意力不集中在青少年中是广泛存在的问题,这与家长担心的"多动症"不同,是学生中的普遍现象。因此,在学校课堂上对学生进行注意力方面的训练是可行的且必要的。

注意力是可以在学习实践活动中通过训练得到提高的。注意力训练是针对目前小学生普遍存在的注意力不集中现象而出现的培训课程。在小学的日常教学中,据众多老师反映,学生广泛存在"马虎""上课不注意听讲""坐不住""开小差"等问题。这些问题似乎是无法通过常规教学解决的,往往让老师头痛不已。其实这些都是孩子注意力不集中的表现,而在小学教学中,注意力的训练往往是被忽视的。

一、改善小学生的认知和行为

1. 自我指导训练,来改变自身行为

这是一种教导儿童以口语控制的方法来控制自己行为的认知行为策略。有研究者将自我指导训练分为五个步骤:

第一,认知示范:执行任务时,大声对自己说话。如指导者问自己:"我现在集中注意力了吗?"如果没有,马上坐端正,认真听讲。

第二,外显的引导:个案在指导者口语的示范引导下,表现出同一行为。如成人问:"我现在集中注意力了吗?"个案表现为集中注意力的行为。

第三,外显的自我指导:个案在执行任务时大声指导自己。如个案大声问自己:"我现在集中注意力了吗?"并表现出集中注意力的行为。

第四,轻声外显的自我指导:个案轻声反复练习以外显语言指导自己的行为。

第五,内隐的自我指导:个案以内隐的个人语言引导自己的行为表现。由外显外部指导到内隐自我指导进行逐步训练,反复练习,直到个案掌握自我指导策略为止。

2. 感官训练

注意力的品质不仅包括注意力的选择性、分散性和持续性,也包括视觉、听觉、触觉等方面的注意力。所以,对这几个方面的训练同样有助于增强学生的注意力,所以教师的教学内容应该充实新颖,学生在学习过程中都希望能学到知识。这些知识,不仅要丰富而且要有用,更要新颖。因此,我们可以采用方格练习,设计几个舒尔特方格表来锻炼个案的专注力,用"摸一摸"触觉训练来锻炼个案触觉的注意力,用"听一听"听觉训练来锻炼个案的听觉注意力和选择性注意力,用拼图锻炼个案的持续性注意力等,为了尽量降低个案的实验者效应,对个案的感官训练同样安排在一个小团体中进行。

3. 训练有意注意的能力

多让孩子做一些明确目的和要求的事情,发展他们的有意注意。有意注意是一种有预定目的并需要一定意志努力的注意,在注意活动中占主导地位,是一种最有效的注意。要培养这一注意,首先,明确任务和目的,使行为服从于活动的目的,从而不断积极、主动、自觉地保持注意。做得好,要给予鼓励;做得不够的地方,要让他们重做,以保持良好的注意力品质。其次,培养良好的学习动机,学习动机是指直接发动与维持学生进行学习的内部动力,是推动学习的动力,有正确的学习动机才能把注意力集中到学习上。良好的动机、明确的任务、具体的学习计划和进度,会形成一定的紧迫感,这种紧迫感能够使学生把注意力稳定在听课、作业上。最后,布置适当的学习任务,因为有意注意需要意志的努力,如果任务过于简单,小学生很容易马虎,不能完全集中注意力去完成。只有规定适宜的学习任务,他们才能完全集中注意力去做。

4. 磨炼意志,使注意力保持稳定

注意力的形成和发展是与意志密切联系的,注意的最大敌人是分心。在学习中,外界的干扰和内心的走神随时都可能发生,这要靠坚强的意志来抵抗注意力的分散。首先,当注意力集中出现困难时,可以用自己的内部语言,如"我一定要坚持,一定要集中注意力"来强化自己。其次,还可以用"下决心"的方法,在学习一开始的时候,就下定决心,勉励自己专心致志,勤奋学习,这样就给了自己一个暗示,即使在学习中遇到困难也会设法克服。最后,运用多种感官参与学习活动,听课时边听、边想、边记笔记;阅读时要眼看、口读、手写、耳听,这些积极的活动,有利于维护注意力。磨炼意志,形成良好的意志品质,能为注意力发展奠定良好的基础。

5. 订立行为契约

行为契约的定义：由达成协议的双方来签写，其中一方或者双方同意采取一定程度的目标行为。此外，契约还规定了该行为出现（或者没有出现）将执行的相关强化结果。为了强化行为改变的效果，研究者也可以与学生订立行为契约。在订立的行为契约中，选择合适的强化物非常重要。在与学生及其家长的访谈中了解到，学生喜欢画画，因此，我们与家长商定选择一套个案喜欢的画具作为强化物。这样学生就会为了这个强化物而努力，这样可以改善学生的注意力。

二、优化课堂内容，运用课堂技巧

1. 树立表率，集中注意力

要想吸引学生的注意力，教师首先要有吸引力。这样，学生才容易注意你的课，并且很容易随同你遨游在知识的海洋之中。教师具有吸引力主要表现在：衣着整洁、态度和蔼、品德高尚、知识丰富、语言清晰等。对待犯错误的学生要批评有度，让人易于接受；表扬学生要真实，不夸大；帮助学生要真诚，不虚伪。经常与学生在一起谈心、唱歌、做游戏等，让学生感到你是他的贴心人、好朋友。

2. 从兴趣出发，引起注意

要引起学生的注意又能维持其注意，兴趣很重要。事实表明，最能激发兴趣的事物，也是最能引起注意的事物。而"好奇"是学生的天性，小学生尤其"好奇"。教师在上课时若能抓住学生的好奇心，巧设悬念，提出引人深思的问题，就能引起学生的学习兴趣，把学生的注意力引入课堂学习之中。人的兴趣不是与生俱来的，它是在一定需要的基础上，在实践的过程中产生和发展起来的，课堂内容越贴近生活，就越符合学生的需要，也就越能激发学生的兴趣，学生的注意力也能更加集中。

学习兴趣是学生基于自己的学习需要而表现出来的一种认识倾向。影响学习兴趣的因素主要包括教学的方法、师生的关系、教学效果、教学策略、对学生的了解程度、赏罚情况等。我们西关小学的教师们从教材、教法、学生的角度等几个侧面激发学生的学习兴趣。

(1)切实改进教学方法

学习中总是有一些枯燥无味的内容,在教学这些知识时,教师用新颖的方法,来激发学生的学习兴趣,使有趣的内容与枯燥的内容交叉进行,并巧妙地把枯燥乏味的东西变为引人入胜的东西。

(2)合理安排教学内容

心理学研究表明,学生对所学内容感到新颖而又无知时,最能诱发好奇内驱力,从而激起求知、探索、操作等学习意愿。若教学内容过深,学生望而生畏,会降低学习兴趣;若学习内容过浅,唾手可得,也会丧失学习兴趣。要从学生的"最近发展区"出发,教学内容深浅得当。

(3)充分挖掘学科知识中的兴趣点

每一门学科都有自己的知识特点,学生对某学科的兴趣,往往是该学科特别有趣引起的。因此,教师要充分发掘学科知识中学生感兴趣的东西,如语文的文情诗意,数学的一题多解等。

(4)及时帮助学生解决学习困难

学生在学习时往往会遇到一些困难,即一些难以理解的知识,渡过这些难关学生就能顺利地掌握学科的基础知识和学习方法,兴趣也会渐渐稳定。如闯不过这些难关,学生在学习上就会困难重重,学习兴趣锐减,甚至感到味如嚼蜡。因此知识难点是学生兴趣和成绩的分化点。

3. 开展丰富的活动,培养学习注意力

活动是心理的本源,是心理产生和发展最重要的因素。人的各种高级心理机能都是这些活动不断内化的结果。通过《心理素质教育》课程、德育课程、实践活动、班队会等多种途径,开展丰富的活动,使小学生在活动中培养学习注意力。

(1)游戏活动

根据一定的目的,设计相应的游戏活动,让学生在活动中提高心理机能、领悟心理知识。如:要使学生控制自己的动作,做到上课不东张西望、不打哈欠,我设计了"做合格的听众"游戏,锻炼学生的自我控制能力。为了教育学生上课不讲话,我又设计了"假如我是讲话者"游戏,让学生扮演相应的角色,体验做听话者的情感,进而换位思考。

(2)讨论活动

围绕一个问题讨论,各抒己见,让学生认识自我,了解自我,提高自我控制注意力的能力。

(3)展示活动

让学生展示自己的学习成果,如小制作展示、作业展示、照片展示等。给学生展示学习成果的机会和自我表现的机会,也有利于提高学生的注意力。

(4)情境陶冶活动

创造一定的情境,让学生置身其中,心灵受到感染,吸引学习的注意力。如我设计的"静心活动",让学生置身于"静"的氛围中或高雅的音乐氛围中练习静心。这一活动对纠正学生在学习时特别爱动的坏习惯效果最好。

4. 养成良好习惯,培养学习注意力

习惯是一种后天获得的趋于稳定的动力定型。良好的学习习惯对小学生的学习特别重要。一方面,可以帮助学生节省学习时间,提高学习效率;另一方面,可以减少学习过程中的差错,有利于养成勤于思考、敢于攻克难关的习惯。

5. 提出明确的目标

在教学过程中,学生要明确学习的目的和意义。在开始讲授一门新课时,不仅要说明这门学科的性质和任务,说明它的重要性,而且还要在每一节课向学生提出本堂课的学习目标。学生有了明确的目标,带着这些目标去听课,注意力就会集中起来,容易达到很好的学习效果。教师还要经常性地教导学生学会自我控制、自我调节,培养他们比较稳定的情绪,从此来提高他们的注意力。

6. 教学结构合理化,教学方式现代化

教学结构的合理化、教学方式和方法的现代化、形象化、多样化,能吸引学生的注意。学生上课注意力不集中,往往与教师语言单调重复、缺乏生动性、艺术性有很大的关系。因此,教师要不断学习,提高教学水平,把学生注意力吸引到生动的、通俗的、轻松的、富有艺术感染力的语言氛围之中,学生在愉快的心情下接受知识,提高注意力。如:采用电声光传播技术的先进教学手段,利用教材中的插图,播放录像、投影,演示实验等,都能引起和保持学生的注意力。

7. 重视信息的反馈

在教学课堂中,教师发出的信息对学生有无重大的意义,能否激活记忆中原有的信息是能否引起注意的关键。如果教师发出的信息使学生感到深奥晦涩,学生就是有再强的自觉性、再大的兴趣,也无法集中注意。这就要求在教学内容的难易程度、教学速度等方面要适当而和谐,符合学生可接受的原则,要难易适中,由浅入深。课堂上教师要留心学生听课的信息反馈,特别是有注意力障碍的学生,及时了解讲解的内容能否被接受。

作为学生个体,在课堂上提高注意力应做到以下几点:课前暗示自己这堂课很重要,并以此引起对课堂学习的兴趣和注意,就能专心听讲;要自觉意识到老师讲课的重要性,适应老师的讲课方式,同时还要经常自我暗示:没有老师的授课和指导,我学习的困难就会增大,甚至学不下去;排除内外影响和干扰,保持集中注意力的心理状态,借助意志力进行自我控制,去战胜分散注意的各种干扰因素,做到有意识的注意;一边听讲,一边很快地思考,弄懂所讲的意思,主动识记知识;要善于分配注意,课堂不仅要听、看、记忆,而且还要记笔记。以理解内容为重点,兼顾各方面,不仅大大提高了课堂学习的效果,还培养了注意的转移和合理的分配能力。

现在的学生大都是独生子女,缺乏毅力,自我控制能力差。在学习中遇到困难时,有时不肯动脑筋思考,就遇难而退,或者是向教师、同学寻求答案。在这种情况下,教师不要代替学生解答难题,而要用坚定的目光鼓励学生动脑筋,用热情的语言激励他们去攻克难关。此时,教师或家长任何一种亲切和信任的目光,一句热情而富于鼓励的话,都可以使学生产生战胜困难的信心和力量。总之,在辅导学生学习时,最重要的是教育学生学会用脑,要帮助学生克服内部或外部的困难和障碍,使之树立坚定的信心和克服困难的毅力。其次,帮助学生养成在规定时间内学习的习惯,力戒拖拉和磨蹭。此外,教师要教会学生检查作业的方法,促使学生养成细心检查作业的习惯。

除了激发学习兴趣、开展丰富活动、养成良好习惯等方法外,还要和小学生树立远大崇高的理想教育结合起来,让各种方法相互交叉、融合,形成合力。小学生的学习注意力植根于人生观和理想的沃土之中,由不随意注意上升到随意注意。最终,每一名孩子都变得会学、善学、乐学。

三、营造良好的学习环境,防止注意的分散

1. 调整教室的环境

教室环境要避免过多的刺激干扰,同时要掌握亲近感及压迫感原则,适当安排座位。小学生常常会因无关刺激物的干扰出现注意分散的现象,因此,要清除环境中可能分散注意力的事情,尽可能隔绝一切外来无关"刺激物"。排除一切可能分散小学生注意力的因素,为学生提供一个安静、舒适的学习环境,培养其注意的稳定性与持久性。

2. 良好的课堂环境

在教学中,教师要精心锤炼课堂教学语言,力求生动、形象,教师幽默诙谐的语言,能增强课堂教学的吸引力,集中学生的注意力。此外,教师要积极创造条件,为学生创造"动"的氛围,让学生积极参与课堂教学活动。教师还应善于运用无意注意和有意注意相互转换的规律,创造一个良好的教学氛围,使学生乐学。一种良好的学习气氛,一个整体和谐的班集体,是集中学生注意力的大背景。在这个大背景下才能形成普遍全神贯注学习的大气候,有了这种大气候,注意才能真正入神,教学效果才能得到真正的提高。

3. 利用音乐,创设氛围

旋律优美的乐曲,能陶冶学生的情操,消除学习的紧张和疲劳。因此,恰当利用音乐,创设一种和谐的氛围,能增强课堂教学的效果。当学生学习疲劳时,注意力很难集中,这时放一些音乐给学生听,能消除学习疲劳,接着再把学习的磁带放给学生听,学生放松后就能全神贯注地听老师讲课了。这样,既学习了知识,又陶冶了情操,还培养了学生的有意注意。

4. 轻松、愉快的家庭氛围

家长应该为孩子创建一种民主平等、快乐有趣、宽松自主的家庭学习氛围。良好的家庭学习氛围,是家庭主要成员在这个群体中共同学习、共同分享学习成果、共同分享成功喜悦的过程。良好的家庭学习氛围的教育价值

在于促进亲子之间的沟通,促进孩子智能与创新能力的发展;有利于孩子与父母相互教育影响的发挥;有利于父母与孩子共同成长,更有利于学生注意力的集中,提高他们的注意力。在家庭中,父母作为家庭的主要责任者,他们本人是否善于学习与孩子的学习态度有密切的关系。要打破以孩子为学习中心的传统模式,父母带头学习生活、工作所需的新思想、新知识、新技能,学习家庭教育的新理念、新艺术,以求自身跟上飞速发展的时代节奏并有的放矢地教育孩子,同时为孩子作出学习的榜样。家长和孩子相互学习、取长补短。父母通过多元化的学习,可获得知识权威的优势,更好地用自身的成长来为孩子树立榜样。通过良好的家庭学习氛围,孩子学会了热爱生活,关心他人,并能善于与他人交往,集中注意做事情,培养出良好的个性与注意力的品质,更有益于孩子创新思维的发展和社会的适应。

四、调整情绪和精神状态

1. 保持良好的精神状态

人在疲劳的情况下,常常不易察觉到一些事物;精神饱满时,则很容易对需要注意的事物产生注意,而且注意也易于长久保持。要注意孩子不能过于疲劳,孩子连续几个小时埋头做功课,学习效率就会下降。如果要使孩子能够有效的集中注意力,就要隔一段时间换一项活动,让孩子适当休息。因此,患有注意力缺陷症的儿童应该每天尽量以良好精神状态,投入学习中,才容易集中注意力。

2. 参加体育锻炼,注意休息

大脑额叶的发育水平与注意力密切相关,而刺激、增强额叶功能的最有效的办法就是运动,尤其是一些技巧要求较高的球类运动,练习乐器演奏也是极好的选择。这些活动锻炼了眼、手、脑的协调能力,促进大脑对肢体、意识的控制,能显著提高注意力。鼓励学生参加体育活动,增强体质,调节神经系统功能,为注意力发展奠定良好的生理基础。体质不好,作息没有规律是分散注意力、影响注意效果的两个重要因素。为此,必须让学生有规律地学习和生活,保证足够的睡眠。

3. 养成良好的用脑习惯

大脑是人体器官中最重要、最活跃的器官。学习是一项极其繁重的脑力劳动,因此科学用脑十分重要。心理学研究表明,注意力不可能以同样的强度维持 25 分钟以上。因此,学习中的短暂放松,如深呼吸、按摩太阳穴等非常有价值。脑、体交替活动,对提高注意力很有帮助。有些学生即使在课间十分钟也不放松学习,其志可嘉,但做法却不科学。一些舒缓优美的音乐有开发右脑潜力、调整大脑两个半球活动的功能,也非常有助于提高注意力。

注意力的分散研究与干预

小学生的课堂注意力分散现象一直是学校、教师、教学研究者和家长普遍关注的问题,课堂注意力集中的高低程度是影响教学效果及学习效果的重要因素,研究小学生注意力问题,对于提高课堂教学效率具有现实意义。我们西关小学的教研组成员首先通过文献梳理从已有研究者所做出的一些研究成果中提取有参考价值的内容,对于已有研究未涉及或者研究不深的地方进行深化和填充,然后通过对我校课堂进行实践观察、研究,对教师、家长及学生分别进行调研,了解小学生课堂注意力的情况。通过调研发现小学生课堂注意力分散是常见的课堂问题行为之一,具有普遍性的特点,同时发现小学生注意力随着年级的升高而集中,同一年级的男女生之间性别差异不明显,小学生的注意力呈现阶段性的特点。针对这些特点,我们从学生、教师及环境三个方面进行分析导致小学生注意力分散的原因,其中教师的教学方式不恰当及缺乏教学管理手段是着重分析的方面。

小学生课堂注意力分散的干预理论基础包括人本主义心理学、多元智能理论、学习风格理论等,干预的原则包括以早为主的原则、因材施教的原则、系统性原则、寓教于乐的原则。通过对案例的分析,我们总结出干预的模型:第一步,判断是否存在问题;第二步,判断是否允许干预;第三步,判断影响问题发生的各方面原因;第四步,设计行为管理干预方案;第五步,对效果进行评价。根据小学生课堂注意力的特点及其原因,探讨出干预模型,从而得到小学生注意力的干预策略,其内容包括:课堂管理策略,即创设适合的学习环境、制定清楚有效的课堂规则、明确学生的行为标准及课堂行为管理策略等;教给学生行为监控的有效方法,包括自我提醒、自我辩论、自我暗示、行为契约法等;培养学生的自我管理能力策略等。

干预的具体操作包括干预计划的评估、商定干预目标、选择干预的技术和方法、结束干预等。小学生课堂注意力的干预应该注意几个特殊的情况,包括低年级小学生的注意力的干预、调皮学生的注意力的干预及注意力障碍学生的干预,以在使用普遍干预策略中能够做到具体问题具体分析。

一、注意力分散的研究

在课堂学习中,注意力集中与否是学生能否上好课的关键,是学习进步的前提。然而在小学课堂中,小学生注意力分散现象普遍存在,成为影响小学生学习成绩的主要原因之一,也影响了教师的课堂教学效果。教育教学的主要工作在课堂,所以需要提高课堂的教学效率来保证教学的质量。从我国古代就有不少思想家、教育家早已认识到注意在学习中的作用,"是故学者必精勤于心,以入于神若心不学而强讽诵,虽入于耳而不谛于心,譬若聋者之歌,效之为人,无以自乐,虽出于口,则越散矣""讽诵之际,务令专心一志,口诵心惟,字字句句,绸绎反覆,抑扬其音节,宽虚其心意,久则义礼浃洽,聪明日开矣"。

这两段话告诉人们,在学习中,学习者必须"精勤专心""专心致志",即将注意力指向并集中在学习活动或学习对象上,"口诵心惟""以入于神",就一定能把学习搞好;反之,如果"心不在学",即注意不集中于学习活动,则"听诵不闻,视简不见",什么东西都学不进去。

在学校进行系统学习的学生们,注意力对其学习的影响更是举足轻重。有人做过这样的实验:被试者在注意力高度集中时背课文,只需要读9遍就能达到背诵的程度;而同样的课文,在注意力涣散时,竟然读了100遍才能记住。可见,要提高学生的学习成绩,首先要改善注意力水平。但如今涉及注意力领域的研究大都是体育和军队及经济方面,即使是对学生进行的注意力研究,也大多集中在对注意缺陷(也称多动症,ADHD)儿童或学习困难儿童的病因性分析及治疗方面。

如前所述,注意力是学生学习的基础与前提,那么,小学生课堂注意力分散分为哪些类型及产生的原因是什么?在课堂教学过程中,运用怎样的方法对小学生注意力分散进行干预是最有效的?

(一)研究背景

1. 实践中的问题

在小学课堂中,在课堂教学中经常会发现这样的情况:同一班级,有些学生上课非常专心地听讲,对每一门课程都认真地对待;另外有些学生看似认真,实际上心已飞出教室,想些与课堂无关的问题,以致老师让他回答问题才如梦初醒,连问题都没有听清楚。有的学生很难集中注意力,做作业、看书总是拖拖拉拉、静不下来;有的学生在学习时,总会制造出一些小插曲,边做边玩,疲疲沓沓,漫不经心,时间久了,做作业的差错就会增多,养成了很不好的学习习惯。这些学生的学习成绩往往不好或者提高很慢。这些学生为什么会出现这些状况,主要原因是注意力分散,缺乏良好的注意心理素质。乌申斯基把注意形象地比喻为心灵的"门户"、智慧的"天窗",而知识就像阳光一样从这里照进来。有的学生学习成绩差,并不是他整体的智力水平低下,而是缺乏良好的注意心理品质。学习时通向心灵的门户关着,就不能很好地接受和掌握知识了。然而,课堂教学中小学生注意力分散现象一直存在,是影响小学生学习的重要因素。尽管目前一些专家分别从不同维度提出了许多转化和干预策略。我们认为,就目前的教学现状分析,解决这一问题的有效方法之一还是要立足于课堂教学环境中,从课堂干预策略入手来进行小学生注意力分散的教学干预模式的探索。

2. 理论研究上的不足

在注意力分散的干预策略研究方面,大多都是从心理干预和家庭干预方面提出的,对于相对重要的课堂教学的干预策略,尚没有形成成熟的模式,缺乏行之有效的可行性策略的探讨和相应教学模式的开发。加上目前教师专业化程度尚没有达到预期的目标,一线教师虽然已在丰富的教学经验的基础上积累了许多干预小学生课堂注意力分散的教学手段,但缺乏把现实的教育行为转化为教育理念的能力,缺乏系统的教学干预策略和模式。

(二)研究目的及意义

我校本次课题的研究目的在于从实践中观察总结课堂教学中小学生注意力分散的具体表现、分析具体的产生原因及提出相应的干预策略。立足于课堂教学,以教师的教学技能及管理能力为依托,充分分析小学生的注意力分散这种问题行为,为教学效率的提高和有效教学的发展的研究提供一定的借鉴,并进一步将整合策略落实于比较具体的干预实践方法,为一线的教师提供有益的参考与启发。

从课堂参与实践中,总结出影响小学生课堂注意力分散的类型及影响因素,从课堂教学的各要素中,研究出一套可行性的小学生注意力分散干预策略。不仅对于注意力分散的干预发展具有积极意义,对于课堂教学中的其他教学问题的解决也具有一定的普适性。把注意力分散现象作为一种常见的课堂问题行为,深入探讨与分析,使这种隐形的问题行为能够被显性地重视起来,这将进一步丰富学困生成因理论、课堂教学病理学研究和有效教学的研究,也为小学课堂的教学、管理提供理论依据。从实践方面,是整顿、规范课堂秩序和提高教学效率的必然要求,是提高教师的教育教学能力的必然需要。学生的发展是指学生的身心都健康发展。注意力分散作为一种常见的课堂问题,如果教师对学生的这种问题行为处理不当,将直接损害学生心理健康发展,导致学生产生各种问题行为,因此,教师必须认真探索符合学生实际的、能有效干预学生的这种问题行为的应对策略,帮助问题学生改变注意力分散的行为并促进学生心理的健康发展。

(三)研究思路和方法

1. 研究的思路

在课堂教学注意力分散现状调查的基础上,通过总结分析影响小学生课堂教学注意力分散原因的相关问题,进而提出相应的干预策略来为教师解决这种常见的课程问题行为提供方法。

2. 研究的方法

在研究的过程中,涉及的主要方法包括:

(1)文献研究法

通过收集教育类专著、期刊、杂志及中国期刊网上的国内外的相关文献,充分利用图书馆、资料室、书店及网络资源等整理文献信息,了解有关研究注意力分散问题的理论著述及研究现状,从而确定自己的研究思路及方向。通过研究一线教师的课堂记录、教案、教学反思日记等材料,分析一线教师处理课堂教学中注意力分散这种问题行为的态度及方法。

(2) 调查法(问卷调查和访谈调查)

本研究是以我校师生作为调查对象,本研究的一些案例是来自我校教师平时的教学随笔及参与听课的领导和教师在课堂观察中的所见所闻。所调查的教师包括不同的学科、不同年级、不同性别的普通教师,调查的班级是四年级取两个班,共116名学生作为调查对象。

(3) 观察法

我校领导、教师亲自到课堂中参与听课观摩,观察课堂教学中小学生注意力分散的表现及教师处理此课堂问题行为的常用手段,为分析研究问题出现的原因及有效地干预提供基础。

(4) 个案研究

选取几个有代表性的个案进行研究,探讨小学生课堂注意力分散现象的典型性表现,为巩固理论及实践的研究提供坚实的事实依据。

(四) 相关概念界定

1. 注意力

(1) 注意力就是人的心理活动的指向和集中于某事物的能力。

①注意力是智力活动的组织者和维持者。人们的智力活动,甚至一切心理活动,都必须有注意参加,才得以顺利而有效地发生、发展和形成。反之,如果没有注意参加,那人们不仅无智力活动可言,甚至连情感、意志都不能产生和维持了。

②在心理学领域里,注意是心理活动或意识对一定对象的指向与集中。注意有两个基本特征:指向性与集中性。

③注意分为不随意注意、随意注意和随意后注意。通过文献研究发现,大部分学者关于注意力研究的重点主要有:

一是将注意力当做学习策略进行的研究:莫雷主编的《教育心理学》将学习策略分为基本学习策略、支持性学习策略和元认知策略三种类型,元认知策略又分为计划策略、监控策略和注意策略(自我管理、抑制分心等)。

二是注意力与学习效果的关系研究:关于注意力与学习效果之间的关系,许多学者都已经做过研究。大量研究结果表明学生在课堂中的注意力越集中,他们的学习效果就越好。

三是小学生注意力特点方面的研究:据研究,小学生的注意力发展主要包括无意注意和有意注意,它们的发展又呈现这样的特点:从无意注意占优势,逐渐发展到有意注意占主导地位;就引起学生注意的动因而论,那些具体生动、直观形象的事物容易引起学生的注意;小学生的注意有明显的情绪色彩。

(2)注意力分散

不集中注意又称注意的涣散,它有两种形式即分散与分心。

分散指由外在的客观因素的影响而产生的注意涣散。如弈秋"当奕之时,有吹笙过者,倾心听之"、隶首"当算之时,有鸿鸣过者,弯弧拟之",就是指注意分散。分心是由内在的主观因素的作用而产生的注意涣散。如弈秋的一个学生正在听讲时,却"一心以为有鸿鹄将至,思援弓缴而射之",讲的便是注意分心。综上,注意力分散是指由外在的客观因素的影响而产生的注意的不集中。

二、小学生课堂教学注意力分散的现状调查

(一)小学生课堂教学注意力分散的表现特点

1. 小学生课堂注意力分散现象具有普遍性

我校在全校范围内的调查表明,教师认为小学生课堂注意力分散、小动作多这种问题行为是具有普遍性的,占到40.2%的比例。在对教师的问卷调查中显示,其中66.8%的教师认为课堂上学生的注意力分数给他们造成了很大的困扰,笔者对10个教师进行访谈的时候,其中6个教师认为学生的小动作多、不能集中精力听讲这种问题行为是最令他们困扰的,教师对此进行地描述是:他们总是做一些跟学习无关的小动作,手里拿一些玩具、学习用品或者将手放到老师看不到的地方做小游戏。当你注视他的时候,他就马上停止了,当你不看他的时候,他又继续玩或者找别的东西玩;有时候

布置一项作业让他们完成,在完成的过程中又不自觉地玩起了笔或者橡皮,好像他的手里必须得放个东西才行,他的注意力根本不是在课堂上而是在他的玩具上;还有的情况是,他坐在座位上,眼睛是盯着你的,跟着你走,但是你叫他回答问题的时候,他却不知道提问的问题是什么,也不知道他在想什么;也有的学生将注意力放在窗外,外面有一丁点儿动静,他人在教室,心却跟着窗外的动静。

2. 小学生课堂注意力在不同年级的表现

随着年级的升高、年龄的增长,小学生课堂注意力的集中程度有所提高,而且集中的时间也有所增加。通过课堂观察及与教师交谈可以得出,也同样验证了以上结论,同时得出"在同一年级或年龄阶段,男女生之间的注意力集中状况没有明显差异"的结论。

(二)学生因素

1. 生理原因

首先,神经系统发育迟缓。注意力等心理活动是基于神经系统的发展程度,神经系统成熟晚或大脑功能失调或精神发育迟滞,都会使患儿不能理解老师讲话的内容,不能随老师的思路思考,常表现为爱走神,特别是一些不容易发现的边线性智力障碍者更是如此。其次,身体疾病。现在的食物大多经过加工,细粮太多而粗粮逐渐减少,大部分的食品中含有香精等化学成分,这样容易使孩子缺乏必要的元素和营养,加上孩子偏食挑食,导致学生的身体出现状况,影响了学生的心理状态,从而上课的时候就容易走神。学生的生理障碍,例如腿脚行动不便,脸上有疤痕等,都会妨碍学生正常的学习活动,使学生在课堂上不能集中注意力,学习兴趣降低,烦躁抑郁,害怕被提问等。尤其是高年级的小学生,正处于生长发育的时期,生理发展出现的障碍可能会引起部分学生在课堂上分散注意力、担心受挫、神情恍惚,从而影响上课听讲。再次,年龄因素。心理学研究认为,5-6岁儿童注意力集中时间为10-15分钟,7-10岁约为15-20分钟,10-12岁约为25-30分钟,12岁以上能持续30分钟以上。可见,注意力保持的时间是随着年龄的增长而延长的。

2. 心理原因

首先，小学生的心理素质尚未健全。小学生的心理素质包括：自我价值感、自信心、责任心、成长动力、自我时间管理能力、自我情绪管理能力、学习兴趣和习惯等。小学生的心理素质没有培养出来，会导致学习的主动性差，学习态度不积极，自控力不好等。压力、烦恼、情绪不稳定或焦虑、恐惧、强迫等心理疾病；或是一些品行问题，如逃学、说谎、偷窃等也是导致走神的原因。

其次，小学生的认知水平是有差异的。有些学生的认知能力发展很快，感悟能力很强，对于教师要讲授的内容已经提前掌握了，因此在上课的时候会对教师讲授的内容丧失兴趣，从而无法集中注意；也有部分学生的认知能力较差、理解水平较低，对于教师所讲的内容听不懂也会导致注意力分散。

（三）教师因素

小学生课堂注意力分散的原因是复杂的，教师因素是导致学生出现这种现象的一个重要方面。课堂教学是教师和学生进行教与学、情感沟通的重要过程，教师的言行会对学生产生潜移默化的影响。据调查，课堂教学中教师对学生的注意力分散的产生原因总结为以下几方面：

1. 教师缺乏正确的教育观

目前，很多教师还是抱有传统的应试教育思想，片面追求学习成绩的提高而忽视学生的全面发展，大部分教师尤其是农村学校的教师为了追求班级在整个乡镇的考试名次，对学生进行超负荷的补课、考试等，导致学生压力过大，学生的学习兴趣降低，从而影响课堂上注意力的集中。有些教师缺乏正确的学生观，对学习成绩差或者有问题行为的学生抱有厌恶、歧视的态度，不尊重学生的自尊心，这容易使学生产生消极的、自我否定的情绪，从而在课堂上放纵自己，不认真听讲；有的学生会通过"捣乱"的方式来吸引他人注意，从而证明自己的存在。综上，教师不正确的学生观会影响学生的学习积极性，从而导致其上课不认真听讲，注意力分散。

另外，教师的职业态度也是影响学生课堂学习中注意力分散的一个因素。很多教师对教师职业不是很感兴趣，尤其是一些年轻的教师为了逃避严峻的就业压力而考教师，考上之后又分配到农村小学，这与自己梦想的职业有很大出入,这些都影响了他们的教学态度。有的甚至都不准备教案,为了上课而上课,没有质量的课堂教学会影响学生的学习兴趣。小学生受教师不良教学情绪的影响也会对课堂不重视,从而影响课堂注意力的集中。

2. 教师教学方式不恰当

一些教师受知识水平及其他一些因素的影响,不能很好地备课,缺乏对所教学科的兴趣和研究,从不探讨教学方法及教学技能,只是单纯讲授课程内容,课堂枯燥无味,影响学生注意力的集中。有的教师缺乏专业知识及相应的培训,担任不是自己擅长的学科教学,也会产生上述问题。

一些教师忽视小学生的思维发展特点及认知能力差异,一味进行满堂灌、抽象的知识灌输,学生便很难理解;有一些教师在授课中会突然转换教学活动,在学生无任何心理准备的前提下转入另外一项活动中,破坏了教学活动的流畅性,容易导致学生注意力的分散;再有一些教师语言表达能力较差、教学方法呆板,学生容易失去兴趣,从而将注意力转向其他方面。有的教师在课堂教学中唱独台戏,不与学生进行互动或开展课堂双边教学活动,学生在课上会无所事事,从而把注意力转向其他地方。有的教师上课只顾自己讲课,不注意观察学生对教学内容的反应,不能根据学生的注意动向随时调整教学方法,学生体验不到课堂学习的乐趣,从而影响教学效果。有的教师教学花样太多,尤其是一些年轻的教师过多注重教学方式的变化,学生在表面看来"积极性"很高,但他们忙于应付课堂的不断变化,过于兴奋,难以把注意力集中到应该掌握的知识上来。

小学生的好奇心很重,教师有一些教具是新奇有趣的,在课堂观察中发现,教师在上课时不注意隐藏或者过早出示教具,学生的注意力很快被教具吸引,不再认真听教师解说,从而影响了教学效果。

3. 教师疏于课堂管理或课堂管理能力较差

有的教师在上课之前不注意维护课堂秩序,上课开始了,有的学生还在做其他事情,注意力没有转移到课堂上,而教师却不进行开课前的纪律整顿,使学生的兴奋点始终停留在课下,注意力分散、不能很好地追随教师的课堂脚步。有的教师在课堂中对学生采取放纵的态度,缺乏对学生行为的监控和指导,导致学生的心理放松,从而注意力不集中;有的教师采取强硬的态度,强行控制学生的行为,对于犯了错误的学生,不能很好地进行沟通教育,而是不顾学生的自尊心,当着全班同学的面进行训斥,容易导致学生的对抗、怨恨心理,从而不再认真听讲;有些教师对学生的注意力分散反应过度敏感,不能冷静对待,而是简单、粗暴地制止,甚至采用体罚的方式,学生在课堂上紧张、焦虑,这都会影响学生的听课效率,导致学生注意力不集中。

(四)环境因素

1. 学校环境

小学生课堂注意力分散的影响因素除学生本身和教师之外,学校环境也是重要的方面。学校的布局、绿化方式、墙报标语、教室内的布置、学校及班级的管理制度等都会对学生的行为产生影响。尤其是小学高年级的学生特别容易受环境的影响,如果学生处于一个管理制度严格,校风、班风、学风都良好的学校,势必会受到周围环境的影响,提高学习的积极性,课堂上的注意力就会集中许多。学生每天生活的课堂内部环境是与学生紧密相连的,教室内的温湿度、教室的色彩、课堂氛围及座位的编排都会对学生的课堂注意力产生明显的影响。课堂上如果温度适宜、色彩明亮、气氛融洽,学生就会容易保持平和的心态,比较容易跟上教师的思维,注意力相对集中;如果课堂内的温度较低或者较高,色彩暗淡、课堂气氛恶劣,那么学生就会情绪不稳,容易产生昏昏沉沉、懒惰散漫的情绪状态,注意力分散就会成为无意识的行为。座位的编排对学生注意力是否集中影响很大,通过对学生问卷的调查及课堂观察,我们了解到坐在教室前排的、离教师较近的学生,往往能够跟着老师上课的节奏走,能够积极参与到教学活动中,注意力往往很集中;而坐在教室后排的学生,因为座位离教师较远,脱离教师的视线,所以他们会时不时地走神。坐在靠窗位置的学生,会经常因为下雨、刮风等天气或者课堂外面的一些意外事情的影响而转移注意力。

2. 家庭环境

在问卷调查和访谈调查过程中发现,许多问题行为的产生与家庭氛围有着很大的关系。家庭氛围对于孩子注意力是否集中有很大的影响,如果家庭气氛和谐,在这种环境下孩子的情绪就会相对稳定,做事情的时候就会心态平和,就相对能保持注意力的集中;而有的孩子父母感情不好,夫妻总是争执吵架,孩子从小在这种环境中成长,情绪及精神方面就会比较容易波动,自身就会变得脆弱、紧张,这样的情绪状态容易使学生在课堂上注意力分散。有的家庭在孩子几个月的时候,因为各种原因将孩子托付给奶奶或者姥姥抚养,孩子从小离开母亲,影响正常的心理需求,这样的孩子也容易产生注意力不集中的现象。有的家庭对于孩子的饮食方面,不注重科学性,偏食或者是厌食,都容易导致孩子营养吸收不良,从而产生注意力分散的问题。经调查了解到,有许多家长反映孩子存在厌食、挑食的现象,而这些孩子大多都会出现注意力分散。人的大脑需要 50 多种营养素,需要人经常变换不同种类的食物来满足大脑的神经系统发育,如果孩子偏食就会影响大脑神经系统发育的平衡性,从而影响孩子注意力的集中。

3. 社会环境

小学生注意力分散不仅是一个教育问题,还是一个社会问题。复杂的社会环境对学生的影响包括积极和消极两方面,在大众文化背景下,学生获得的知识是多面的,其中包括许多负面的信息。有很多媒体为了获取利益而传播庸俗的、低级趣味的内容,诸如暴力、色情等,这些对学生的影响是巨大的,小学生的模仿能力较强,这些不健康的内容会使学生在课堂学习中胡思乱想,从而不能较好地进行课堂活动。同时,随着市场经济的发展,人们的生活水平有了显著提高,家庭收入也日益增加,城市里面的学生都会配有手机、MP4、游戏机等电子产品,这些将会导致学生在上课时听 MP4、玩游戏、玩手机等,学生不能集中精力听课。

三、小学生课堂注意力分散的干预

(一)干预的理论基础

1. 人本主义心理学

人本主义心理学创立于 20 世纪 50 年代,该理论主张心理学要研究对人和社会进步富有意义的问题,特别强调人的尊严和价值,强调人性中积极的一面,坚信任何人都有发展自己潜能的欲望,坚信任何人都有追求自我实现的需要,这些都应该是心理干预必须坚持的基本原则。人本心理学主张干预应该以人为中心,强调当事人是干预的中心,应该尽可能对当事人的经历、思想、情感做全面的了解,对当事人应持温暖、友善、积极的态度,促使他们产生移情,促使他们对自我和现实形成比较全面而深入的了解,最后使他们毋需依赖别人就能够妥善解决自己的问题。

人本心理学提倡非指导的心理干预方式。它干预的重点及着眼点在当事人而不只是当事人的问题,一旦当事人能够充分理解自己与现实的关系,其领悟力能得到提高,经验能逐渐丰富,那么他就能正确地选择适应环境的方法,也就能更有能力去应对未来的有关问题。它干预的宗旨是促进当事人的自我探索,从而能够实现自我成长,促使其建立自我概念从而发展到向接近自我体验及经验的方向。人本主义心理学重视发展良好的干预关系。人本心理学家指出,以往的心理干预过多地注重技术和技巧,而对干预关系的重要性却没有给予应有的重视。人本主义心理学认为,干预者的态度决定着干预效果的好坏,而干预效果对当事人的人格改变影响很大,所以干预者应该以真诚的、无私的态度积极对待当事人,与他们一起建立良好的干预关系。

2. 多元智能理论

多元智能理论是美国哈佛大学教育研究生院认知和教育学教授、《零点项目》研究所所长霍华德·加德纳(Howard·Gardner)于1983年提出来的。该理论提出了完全不同于传统的智力观。加德纳在《心智的结构》一书中提出了他的智力观,他认为智力是在某种社会和文化环境的价值标准下,个体用以解决自己遇到的真正难题或生产、创造出某种产品所需要的能力。在加德纳的多元智力框架中,认为智力结构至少由七种智力要素组成。这七种智力分别是:语言智力、逻辑智力、空间智力、音乐智力、运动智力、人际智力和反省智力。

在加德纳看来,每个学生都存在的与生俱来差异,他们没有相同的心理倾向,也没有完全相同的智力。每个个体都有自己的优势智力领域,某些人的某几种智能强,某几种智能弱。另一些人则可能相反。学生在智力方面的差异主要是智能结构的差异。因此,智力差异可以判断个体哪些方面聪明和怎样聪明,而不存在"谁比谁聪明"的笼统判断,对于部分注意力分散现象的学生来说,只要进行适当的教育和训练就能使学生激发起注意力集中的潜力。

3. 学习风格理论

学习风格是一系列由个人生理特征和发展特征决定的个性特征总和,它使得同一种教学方法对一些人有效而对另一些人却无效。每个人都有自己的学习风格,就像个人的签名。学习风格影响到个体的思维方式、行为方式、学习方式及信息加工方式。只有了解了学生的学习风格,教师才能根据他们各方面的不同需要更好地组织课堂教学。构成个体的学习风格的因素很多,包括环境、情绪、生理等方面,所以我们对于注意力分散学生的干预应该具体分析他(她)所处的具体环境和个人具体的情况,从而确立他(她)独特的学习风格,从而有针对性的进行干预。

(二)干预的模型

1. 干预的原则

(1)以早为主的原则

即应尽早地抓住时机,对一、二年级的小学生进行早期教育及干预,有目的、有计划、有步骤地采取干预措施,如对儿童进行形象辨别训练及快速反应训练等。

(2)因材施教原则

要以实事求是的态度,根据每个小学生身心发展的特殊性,对每个个体进行个别化的训练及教学方案,根据小学生的年龄特征、身心发展水平、个人兴趣差异等,进行有计划、有的放矢的干预,促使他们的注意力能够得到最大程度的集中。

(3)系统性原则

对小学生进行注意力分散干预,应从家庭、学校及社会三个方面来考虑,其次要抓住每个干预阶段、干预环节中的重难点问题,注意解决主要矛盾,再次要巩固各个阶段的干预成果,使其得到不断的强化和提高,既要引导学生排除外界干扰、集中注意力,也要培养他们自觉、有计划、有组织的进行自我监控及自我管理,养成良好的学习习惯。

(4) 寓教于乐的原则

小学生以形象具体思维为主,爱好玩耍,因此在对小学生进行注意力分散干预的过程中,要根据小学生的特点,把干预训练的内容同活动、游戏等结合起来,把学习变成游戏,把训练融入活动中,让小学生在快乐中集中注意力,在游戏中学到知识。

2. 干预的实施

周某,男,9岁,我校三年级的学生,独生子。课堂问题行为表现为课堂上注意力分散,经常乱讲话、不能专心听课。其班主任及任课教师反映:该生在上课的时候做小动作,而且说起话来没完;注意力很不集中,做作业时粗心大意,经常不能按要求完成,容易丢三落四或因一些无关事情而分心,经常忘事;反应很慢,不能按时完成作业,完成一个任务花的时间往往比其他同学要多出几倍,被老师点名一般要花个三四秒的时间才能反应过来。在干预之前对被试者运用瑞文测验联合型量表进行智力测验,得出被试者的 IQ 处于中等水平的 105,这就说明被试者的行为和智力是没有关系的。采用 1-25 舒尔特表格对其进行注意力集中程度测验,发现周某点完 25 个数字的时间是 58 秒,而随意抽取的其他四位对照学生的时间分别是 33 秒、40 秒、35 秒和 45 秒,均比周某用时少。因此认为周某在注意力集中程度上可能存在一定的问题。为了了解被试课堂上不注意行为的基线水平,任课教师对被测试的课堂不注意行为进行了 8 次的随堂观察。在一堂课 40 分钟里面,被测试的课堂不注意行为出现的频率计持续的时间都较高,其课堂不注意行为大多是小动作多、经常跟同学讲话、容易被外界的事情吸引、摆弄文具、发呆等一些注意力分散行为。从课堂观察中发现,个案的自我控制能力较差,不能持久地做一件事。

周某跟随姥姥、姥爷一起生活,姥姥、姥爷比较溺爱他,父母平时工作忙碌没时间教育孩子,不能及时发现他身上存在的问题,而当发现问题时,又寄希望于通过一两次的教育来改掉孩子的不良习惯,这种高期望值在现实中很难实现。家庭教育的方式存在严重的偏差。父亲采取很严格的管理方式,有时候会采取体罚的方式;而母亲相对溺爱一些,父母双方相悖的教育方式,使他容易产生逆反的心理,他注意力不集中的毛病越来越难改正。在学校里,他学习成绩较差,调皮捣蛋,班主任及任课教师在多次提醒、管制的情况下没有达到预期的效果后,便疏于干预。

3. 干预的过程

从课堂管理进行的干预。首先,调整座位。由于小学生的注意力容易受外界的影响而分散,任何干扰都容易转移他的注意力,所以班主任给周某调整一下座位,让他坐在了教师的第二排中间位置(该生之前坐在第四排靠墙的位置),同时安排了几个上课比较遵守纪律的同学坐在他的旁边和前后,这样可以方便教师经常注意他,并针对他的不良课堂问题行为采取措施,当他注意力分散的时候可以及时提醒他。其次,增加课堂活动的参与度。任课教师商量给周某更多的课堂参与机会,鼓励该生发言,参与小组合作学习等,努力把他带入课堂学习中,使他的注意力不至于游离于课堂之外。再次,调整对周某学习的期望。帮助周某选择适宜的学习目标,降低期望值,找出适合他的学习方法,尽量减轻他的作业量,加强对学习技能的培训,如精确完成作业的能力、仔细检查作业的能力等。

对家庭教育的干预。班主任教师及时与周某家长联系,共同商谈干预的方案。首先,帮助其家庭制定明确的作息时间表及行为规定。这对小学生的行为约束很重要,对注意力分散的小学生作用更为重要,使小学生在家的活动有规律。家长的规定要简明扼要,规定越具体,小学生越容易约束自己。其次,自我控制能力训练。鼓励家长帮助他建立独立学习、生活的自我管理能力,自我制定学习计划。再次,对家庭作业的管理。告诉周某的家长不能在学生做作业的时候给予过多的指导,而是鼓励家长多运用一些方法,指导学生独立完成家庭作业,培养学生的独立能力。家长须指导学生认真记录家庭作业的内容,给学生规定的时间来完成,进行适当的辅导,对学生已完成的作业及时进行反馈,并采取一些强化手段,对表现优秀的正确行为进行表扬,增加学生的自信心,逐渐培养学生的适应能力。

认知行为训练的干预过程。本案例中运用到的行为训练主要是自我指导及自我管理训练,训练时间安排放在每天下午放学后。训练分为三个阶段:

首先,准备阶段。研究者在干预前要先和个案签订行为契约,规定个案在每次的训练后的课堂观察中注意力分散行为低于 5 次,就发给个案一个代币(研究者自买的奥特曼玩具),获得 5 个以上的代币个案就可以得到想要的强化物。签立如下契约:

行为契约

这是周某与魏老师订立的行为契约。本契约从 12 月 24 日开始到 12 月 27 日结束。

在教室里,我们一致同意增加在课堂中集中注意力这一行为。我们将通过注意力训练来增加这一行为。行为测量的方法为每节课对你的观察和记录。如果你在培训后,能每堂课课堂不注意行为少于 5 次,你将获得奥特曼玩具一个。老师将通过培训和日常工作尽力帮助你。

学生签名:周某　　　日期:X 月 X 日
教师签名:魏某　　家长签名:周某某

其次,干预实施阶段。主要是对个案进行自我指导训练和自我管理训练。

第一次训练主要是教给学生使用自我指导训练的前三个步骤:

第一个步骤是认知示范。这个阶段指导者大声示范给学生:"我是在集中注意力听课吗?"如果没有,马上坐端正听课,用行动表现出来,这个阶段学生的主要任务是进行观察。

第二个步骤是外部出声指导。在指导者的指导下,学生执行同样的任务,在学生执行任务时,教师大声地进行指导。

第三个步骤是出声的自我指导。学生在执行同样的任务时大声地进行自我指导,教师在一旁观察,并提供反馈信息。通过这三个步骤的实施,教会学生初步学会运用外显的行为进行自我指导。在接下来的两次课堂观察中,学生的课堂注意力分散行为分别是 3 次和 4 次,都不少于 5 次的目标行为,于是发给该生两个代币。

第二次的训练主要是帮助该生进行自我指导训练的后两个步骤:

第四个步骤是逐渐退隐的自我指导。学生在执行任务时默默地小声进行自我指导,研究者在一旁观察,并提供反馈信息。

第五个步骤是不出声的自我指导。使学生能够通过不出声的自我指导来执行任务。与此同时,研究者自录了一盘带有"吱吱"声音的磁带,要求学生每次听到"吱吱"声时,如果注意力是集中的,记录一个"＋",如果没有集中注意力,则记录一个"－",通过这种听力训练的方法对学生进行自我监控的训练,第二天的课堂观察中发现学生的课堂注意力分散的行为次数分别是2次和3次,符合条件发给他两个代币。

第三次干预训练是指导当事人多次练习自我指导训练的整个步骤。同时用1～25舒尔特表格对个案进行注意力训练,训练后的个案在第二天的课堂注意力分散次数减小为2次和1次,又发给他两个代币。

第四次的训练是在整体复习前面四次训练的内容,该生通过反复的练习使用自我指导策略使之达到自动化的程度,并对个案在训练中的良好表现进行强化,同时用5个代币换得个案想要的奥特曼玩具。

再次,追踪阶段。在干预实验结束的一星期后,任课教师在课堂上对当事人追踪观察了8次。发现个案的课堂注意力比之前集中许多,参与度提高了,课堂上也会经常举手回答问题了。

4. 干预模型的建构

根据以上注意力分散的干预的实施,总结出干预的模型:第一步,判断是否存在问题;第二步,判断是否允许干预;第三步,判断导致问题发生的各方面原因;第四步,设计行为管理干预方案;第五步,对效果进行评价。

(三)干预策略的探讨

1. 从课堂管理角度分析

(1)创设适合的学习环境

良好的学习环境有利于学生集中注意力。首先,墙面环境设计会对学生的注意力产生影响。墙面环境布置体现了一个班的班风、学风,也是启发学生学习的一个重要地方。如果设计、布置得不合理,将直接分散学生的注意力,从而影响教学效果。在对教师、学生的访谈调查中发现,学生很容易受教室墙面的影响,有的学生说他在听课的过程中会不自觉的被墙面上的学习园地、卡通画等吸引,从而把教师讲的内容忘记了。由此可见,墙面环境对学生的注意力影响很大。减少墙面环境对学生注意力的干扰,要根据学生的年龄特点差异,合理、规范布置教学环境,使学生避免受到干扰。在实际调查中,我们发现墙壁正面或者视角范围内的位置最容易使学生注意力分散。因此,在这些位置尽量避免安排能够造成感官刺激的内容,可以将这些内容安排在后墙或者视角以外的地方。墙壁左右两侧可张贴一些名言警句来启发学生的学习动力。另外,墙面上尽量不要贴一些有关学生测试成绩及考试试题答案,这样容易引起学生情绪上的波动;混杂的布置也会引起学生的注意。其次,教室内的采光环境对学生注意力的影响。教室内采光强烈或者阴暗都会对学生注意力产生影响。自然光强烈或直射都会分散学生的注意力,所以南窗一定要配窗帘,窗帘最好也以冷色调为主。如果是用灯光光源最好是度数大一些,但最好不要在上面布置一些装饰物品,以免影响采光和分散学生的注意力。再次,课桌、座位环境对学生注意力的影响。课桌是学生学习的重要工具之一,课桌的设计及摆放会直接关系到小学生课堂注意力的情况。在上课的时候,教师应引导学生桌面尽量摆放跟本课有关的课本及学习用具,其他的东西最好是放在桌洞里面,学生专注于正在进行的课堂教学,不受其他物品的干扰或者其他学科未完成的作业的干扰。教师应帮助学生简化学习目标,专心于正在学习的学科,从而提高课堂听课效率。另外,学生的座位安排也会对学生的注意力集中产生很大的影响。

学生的座位编排方式一般分为"秧田式"和"圆桌式"。英国教育理论家曾对课桌椅的排列方式做过观察实验,结果显示,秧田式排列时,学生学习努力的程度是圆桌式的2倍,而坏习惯(如注意力分散等)的出现频率,则圆桌式是秧田式的3倍,所以应当合理安排学生的座位。如果想让学生更容易集中精力听课,可将班级的排座方式由小组式改为排列式,这对于减轻学生课堂注意力分散的程度具有很好的作用。要打破按高矮次序或学习成绩排位的简单方式,综合考虑学生各方面的特点。学生都在教师的可视范围内,教师在发现学生注意力受干扰的时候,能够适时给学生提醒与帮助;要使容易分散注意力的学生更接近讲台或者其他教学活动区域,让他离自己玩得比较投缘的伙伴远一点,远离分散其注意力的干扰因素;要增加学生课桌间的距离,尽可能为学生提供更多的空间;把容易破坏课堂纪律的学生尽量安排在离教师较近的位置,以防止他破坏课堂环境影响其他学生的注意力,要定期更换座位,以便使所有学生都有机会坐在教室的前排中间。最后,教室的卫生环境对小学生课堂注意力也有一定影响。教师尤其是班主任应该安排好教室卫生环境清理工作,尽量减少不整洁的环境对学生造成的干扰,学生保持愉悦的心情,不受一些垃圾气味的影响,达到专心学习的目的。

(2)制定清楚有效的课堂规则,明确学生的行为标准

小学生的自控能力较弱,如果没有一项规则来限制他们,课堂授课的效率就会大打折扣。制定课堂规则应该遵循四条原则:第一条,规则应该有道理、有必要。教师要根据学生年龄及差异性制定合适的规则。例如,小学一年级的学生刚从幼儿园过渡到小学,这时候就要了解学生的活动需要,设立符合过渡期小学生心理特点的规则,避免出现烦躁、有挫折感;第二条,规则必须明确,易于理解。小学生的理解能力有限,不要经常以概括性的词语陈述,容易给学生太过于抽象的感觉,儿童难以理解;第三条,规则必须与授课目标一致,与我们所知的学习规律一样。在追求秩序的过程中,教师会在学生独立做作业的期间禁止学生讲话,或者是为了避免课堂吵闹而很少进行课堂活动教学,不进行小组合作教学,这些虽然有利于保持课堂秩序,但课堂没有活力,学生容易丧失对课堂的兴趣,从而导致注意力不集中;第四条,课堂规则应与校规相一致。所有学校都有管理学生的一套规章制度,因此,教师在制定自己班级的课堂规则时必须遵循学校的规章制度,不能与学校的规程发生冲突。

(3)课堂行为管理策略

马克思认为:"时间实际上是人的积极存在,它不仅是人的生命尺度,而且是人的发展空间。"可见时间对人的重要性。西方学者鲍尔说:"时间是教育王国的金钱,教育需要时间……教师用时间提供教学服务,学生用时间购买学习。"这段话说明了时间在教学过程中的重要性,对于一个教师而言,为了实现教学的目标,必须高效利用、科学支配教学时间,提高教学时间的利用效率。

首先,在课堂的前10分钟内,由于学生正处在课间的兴奋状态中,如何使学生能够在短时间内专心于课堂内容成为一些教师具有挑战性的问题。

在这最初的十分钟内,可以通过设计一些简短的、能够抓住他们兴趣的练习将学生的注意力集中到学习活动中来。我校教师通过多年实践,总结出以下几点,帮助学生注意力迅速回到课堂:列出上节课的重点;预测当天的学习内容;检查学生的家庭作业;听一段与课文有关的音频剪辑。

其次,减少教学活动的过渡时间。教师在课堂中要合理安排时间,不同的学习活动之间要紧密衔接,从而能够充分的利用时间达到效率的提高。完成过渡很困难,因为它要求学生在大脑中结束上一个任务,为下一个任务做准备,然后把脑力集中到新的话题上,这在一节课时间内,要完成好几次这样的流转很困难。提高学生对于过渡阶段所浪费的时间的关注度,一个有用的技巧就是为过渡阶段设定时间限制,并且为学生精确计时,经过反复练习,当老师告诉学生他们只有一分钟的时间从一项活动转到另一项活动的时候,这些学生的条理性会比之前增强,注意力也会更加集中。另外,帮助学生在过渡阶段凝聚注意力的一个方式就是给他们列出一个在课堂上应该获得的学习成效对照表。在学期初,教师便教给学生利用对照表来记录每天的学习任务,从而使学生把过渡时间段作为课堂中不可分割的部分、当做自己的职责,从而督促学生集中注意力,将时间用在学习上。以下的几个活动可以成为过渡阶段的学习活动:检查昨天所上课的笔记,用不同颜色的笔圈出重点;列出你能记起来的昨天我们在课堂上做的三件事;把今天上课的主要观点列出来;写出你最近掌握的一个学习技巧,怎样把你今天学习的内容运用到生活实际中去。

在课堂接近尾声的时候,学生注意力分散的现象也是比较严重的,在这段时间,教师需要给学生制定课堂末的时间定制惯例,让学生明白在这段时间内,教师对他们存有更大的希望,同时期待他们能够表现得更好。每天这个时候都会有一个课程结束练习要完成,最重要的是让他们明白,下课的信号是来自于教师,而不是铃声。下面的一些建议可以作为学生的结堂练习:就课堂所学的信息与其他同学进行调查;在课堂结束时,为他们所学的内容写篇简短的评估;把今天所学与其他课程联系起来;对当天课程中最有趣的部分写出个简短的解释说明;预测下次课的学习内容。

加强师生之间的情感沟通,改善教学方法,吸引学生注意力。和谐的师生关系是学生主动参与教学的先决条件。教师应该公平对待每一名学生,尤其是对"后进生"要一视同仁,公平地给学生提问的机会;对所有学生的学习问题给予同样的关注。小学生的向师性是很强的,教师要努力提高自己的专业素质和个人修养,和学生平等的沟通,这样才会得到学生的喜欢和尊敬,才能通过自身行为感染带动学生,并且在学生需要帮助时候给予支持和鼓励,师生关系就会融洽很多。教师要在第一次与学生接触的时候,从感情上贴近学生的心理,与学生建立良好的朋友关系,使学生从心底里接受你。在平时的教学中,需要保持与学生的交流,给学生一个鼓励的眼神、一个会心的微笑,会激发他们对教师的喜爱之情,促使他们产生对知识的渴望之情,产生一种强大的学习动力,从而促使他们在课堂上集中精力认真听讲。此外,教师要注意改善教学方法,提高学生注意力以推进有效教学。

首先,教师要认真备课。

备课是教学的首要和关键环节,要求教师要熟练掌握教材知识内容,根据学生的知识结构和掌握能力并从课堂各方面的综合要素对课堂教学进行预设,了解、补充相关内容,尤其是要关注学生注意力这一重要而又不确定的动态元素。学生在课堂中注意力集中程度高、参与性强是教师积极备课的一个体现方面。准备充分的教学流程,能够调动学生课堂参与的积极性,能够及时处理课堂中的意外事件,保证课堂顺利的进行。所以,在课堂教学中,教师的教学必须以学生为主体,把学生的注意力集中起来才能推进有效教学,收到良好的教学效果。我校一名一年级的语文教师这样描述她的备课:我认为备课包括两个方面,备学生和备教材。备学生就是要了解不同类别学生的性格特点和掌握的学习情况,根据教材的重难点做到有的放矢,因材施教;备教材就是要把教学内容了解透彻,低年级的学生主要是以朗读、表演、识字、写字为主的,我一般会把教学内容整合一下,让学生动静结合,劳逸结合。如果本课没有写字任务时,我就会在课初对学生进行听写,如果写字任务很重的话,我就会在课的中间或结尾时穿插。

其次,在课堂中要丰富教学方法,激发学生的学习兴趣,发挥学生的特长,引导学生集中注意力。在此次调研和课堂观察中可以看出,采取多样的课堂活动是大多数教师集中学生注意力的常用教学方法,而且的确在实际教学中发挥了重要的作用。游戏是教师经常用到的课堂活动,它能够很好地激发学生的课堂积极性。教师可以多开展游戏活动,培养学生的注意力。游戏活动方法有很多种:

我校教师讲授五年级语文《半截蜡烛》的课堂中,要求学生分角色扮演人物,让学生自导自演,领会人物的语言和动作,走进人物的内心,体会伯诺德夫人、杰克等人与敌人周旋时候的紧张心理及对敌人的憎恨心理,然后让没有表演机会的学生分组评价"导演"和"演员们"的表演。使枯燥的课堂与学生的表演融为一体,学生的注意力被集中起来了。提问也是教师用来干预学生注意力的一种常用方法。在语文、英语课堂上教师经常用一排齐读、全班齐读等方式提醒注意力分散的学生或者单独提问走神了的学生,这些都会达到集中学生注意力的目的。在提问中,一个普遍的问题是因为时间、课程内容的设计,教师并不能保证提问的"公平性"。下面是我校教师提供的一个方法,对于保证提问的公平性和随机性、提高学生参与课堂的积极性具有重要的参考意义。要记住哪些学生已经发过言是困难的,"讲杯制度",即用一个咖啡杯盛上冰棒杆儿,上面写着学生的姓名。你摇一摇杯子,抽出一个名字,然后把那根冰棒杆儿放在一边。这种制度对于提醒沉睡或者走神的学生是有警醒作的,对于帮助教师保持学生的注意力具有重要的参考作用。如果教师不想随即提问学生,可以选择特定的学生回答特定的问题。有的教师会使用名册或者座位表来帮助学生记录谁已经发言了,还有教师运用"指定的轮换次序",以指定的次序来提问学生,而很多教育家(如 Kounin,1970)认为,指定的轮换次序会导致学生注意力的不集中,因为他们确切的知道自己何时会被提问。不论采取哪一种制度,最重要的一点是确保交流不被几个主动发言的学生支配。

另外,在提问的过程中,教师要尽可能在教室里面走动,或站在表现出(或倾向于要表现出)注意力分散的学生身旁以示警告或提醒;与座位离你较远的学生建立目光接触。在小学课堂中,教师应该重视多媒体教学的使用。同样是朗读,配上音乐,就会有别样的气氛;小学生喜欢动画片,在语文教学中可以到网络上下载一些古诗的动画版影像,吸引学生的注意力。在课堂教学中,提高学生注意力的集中程度需要教学方法的改进,需要教师深入理解并掌握课程知识,认真组织课程内容,设计好板书及相关教学手段的综合运用。

2. 行为监控的有效方法

(1)自我提醒

拿出一张卡片,分别写出课堂注意力集中与分散对学习的好处与坏处,并按照度轻重排好顺序。将好处和坏处分别贴在显眼的地方,如课桌上、床头上、门上以保证每当注意力分散的时候都能提醒自己。特别是注意力分散对学习的坏处,每天多时段默念或大声念给自己听,自己时刻谨记上课注意力分散对学习的坏处。

(2)自我辩论

课堂教学中注意力分散给小学生带来了各种各样的不利影响,如学习成绩下降、自理能力差、自信心不足、人际关系紧张等。小学生可以在头脑里面想象注意力分散导致的这些后果。让"理想自我"与"现实自我"进行辩论,让内心产生责任感、愧疚感,从理智上战胜自己,从而下定决心克服注意力分散。

(3)自我暗示

学习时突然想到了其他的事情,或者被外界的事情干扰到了,注意力开始分散时,可以反复自我暗示,如"不行,现在应该集中注意力学习、等下课后再说"、"不认真听讲,学习成绩就会下降的",每当抵制住诱惑了,认真听讲了或者认真完成任务了,就进行自我奖励,如"我今天很集中注意力听课了,老师讲的内容我都会了,而且作业也顺利完成了,今天很开心,以后我还要这样做,加油!"这样的反复提醒自己,从而形成一种强化,使自己的毅力增强,注意力渐渐集中起来。语言暗示既可以自言自语,也可以将提示语写在日记本上,或贴在墙壁上、床头上,以便经常看到、想到,鞭策自己专心去做。

(4)行为契约法

教师、研究者或者家长可以通过与学生订立行为契约,学生签订契约并成为契约的遵守者、研究者,教师或者家长则担任契约的执行者,以学生喜欢但没有的东西做为强化物,帮助规范小学生的课堂注意力集中的行为,也有利于培养其自我约束的能力。

3. 培养学生自我管理能力的策略

由于年龄及思维发展的限制,小学生的自我管理能力比较低,教师和家长需要给学生提供帮助与指导:帮助学生有条理地检查自己的学习材料及管理学习场所;帮助学生制定清晰的程序和例行事务,合理安排学习时间;帮助学生制定近期、中期、远期的学习计划表;帮助学生利用日历和课程表安排学习任务的习惯和能力;帮助学生养成每次只做一件事情的习惯。

首先,培养行为和自我管理技能:养成正确的课前和课堂行为;按照常规要求,形成良好的习惯;认真准备书本及文具,把与课堂无关的东西收起来;编制作业日程表,按照日程表来完成作业;养成良好的睡眠习惯,学会自我减压。其次,学习策略的培养:预习学习的内容,用积极的态度进入课堂并提醒自己集中注意力;做好课堂笔记;上课认真听讲,积极回答老师提出的问题;不在难点上停留;检查已完成的作业。再次,积累一些实践策略:做一些放松运动,例如经常做一些伸展运动,多锻炼身体,节奏鲜明地处理学习与休息的关系;做一些能够集中注意力的训练,可以做一些类似"找茬"的游戏,或者做一些拼图游戏,帮助集中注意力;"学习注意力"的抗干扰训练,可以选择在闹市等地方读书、看报,训练自己排除干扰的能力;"学习注意力"的咀嚼训练,国外一些行为研究已表明,咀嚼口香糖可以显著增强记忆和注意能力,增强情绪调节能力;"学习注意力"的凝视训练,双眼长时间凝视某一东西,如窗外的树枝、手头的铅笔等,这样可以长时间进行训练,人的意识范围就会逐渐变窄,从而达到集中注意力的目的。

(四)干预的具体操作及注意事项

1. 干预的具体操作

(1)干预计划的评估

干预计划的评估指的是干预者通过访谈、测验、观察、个案、问卷等方法来收集当事人的信息,并运用分析、推论、假设等手段对其心理问题的基本性质加以判断,获得相关信息,以帮助建立有效的干预策略。

评估的一般过程如下:首先,收集资料。为了给当事人提供有效的帮助,干预首先应该全面了解他们的情况,然后根据这些情况决定如何去深入分析问题,这是收集资料的过程,资料可以从会谈、观察、心理测验、个案中获取。其次,综合资料。当资料收集工作告一段落后,就需要对其进行综合分析,应该对材料的真实性进行评估,为干预目标的建立和干预技术的选择提供基础。再次,分析问题。通过对资料的分析综合后,干预者可以初步判断当事人心理问题的大致类型,确定问题类型后还要分析问题是心理、社会因素造成的,还是其他因素造成的。

对于课堂注意力分散的学生的评估,我们需要确立以下变量:学生的课堂注意力分散的程度及成因,家庭、学校及这周围成长环境,学生的年龄、性别及认知风格。

(2)商定干预目标

通常我们把干预目标分为三个层次,即终极目标、中间目标和直接目标。一般来说,终极目标是宏观的、长远的,它为心理干预提供了基础和方向;中间目标经常指终极目标的一个侧面,或某个阶段,往往体现了当事人对干预结果的一般期望,常可以从被干预者的陈述中间接地概括出来;直接目标是指干预过程中需要解决的当事人的某一具体心理问题,直接目标通常是可以操作的,其目标的完成与否也是可以观察和测量的。由于达到直接目标的过程的可操作性、变化的可观察性、结果的可测量性相对于终极目标和中间目标而言,其实现较为容易和明确。因而,它能起到一种激励作用,使当事人不断产生成就感,或观察到自己的进步,从而增强对心理干预的信心和勇气,并推动自己付出更大的努力,保持更充分的合作态度。就小学生课堂注意力分散的干预的三个目标分别是:终极目标——课堂注意力集中;中间目标——认识自己,克服粗心的问题,端正学习态度,遵守课堂纪律,养成良好的学习习惯;直接目标——当注意力不集中时候,用暗示语提醒自己集中,制定学习计划,安排作息时间表,提高学习效率。

(3)选择干预的技术和方法

主要有以下一些干预技术:降低行为发生率的技术(消退、暂停、反应代价)、提高行为发生率的技术(强化法、契约法、代币制)、培养行为的技术(塑造、渐隐、链锁)、认知改变的技术(艾里斯的合理情绪疗法、贝克认知疗法)、自我管理的技术、情感的干预技术、克服恐惧的技术、模仿的技术等。

在对学生课堂注意力分散的干预中主要运用的是代币强化法、契约法、自我管理技术等。

(4)结束干预

一般来说,当事人的心理问题在实施干预之后或多或少都有些变化。如果双方都同意干预已接近尾声,干预者就可以考虑结束干预的工作了。结束干预的主要任务是概况干预的现状、过程、成果等,极大地巩固了已经取得的干预成果。结束干预可能使当事人夸大其干预成果,干预者要提醒当事人把在干预中获得的新态度、思维方式等长期保持下去,提醒当事人努力将此次干预所获得的成果迁移到以后类似的问题情境中。结束干预应当告知当事人一旦需要仍可随时得到帮助。对于小学生的课堂注意力分散的结束干预可以培养学生新的学习习惯和良好的学习态度,运用学到的自我管理及监控的方法长期督促自己在课堂中保持注意力,同时可以让自己注意力集中的这种习惯维持到做其他事情方面。

结束干预一般包括以下几个步骤:判断并告知当事人干预结束,概括干预的现状,扩大干预成果,提醒当事人可以随时来寻求帮助,撰写干预结束报告。结束干预时,除了按照以上步骤进行外,还要做好追踪工作,追踪往往是干预者主动提出的,在取得当事人同意与合作的基础上制定一份追踪计划,约定追踪的方式、内容和时限等。在本案例中对于当事人的课堂注意力的追踪,可以检验干预的成果,同时针对干预后的效果来加强巩固。

结束干预时应该注意以下几点:干预结束信号应该明确无误,不必期望只有最完美地解决了问题才可结束干预,干预结束时一般不要提出新的话题,为当事人再度获得帮助敞开大门,态度真诚。

2. 干预中的注意事项

(1)学生的注意力分散干预

小学生性格天真烂漫,注意力很容易分散。心理学研究表明,低年级儿童注意的稳定性只能保持在15-20分钟,教师应该尝试一些有趣的教学方法及培训方法,才能对小学低年级学生的注意力进行有效的干预。

首先,运用直观教学方法,多种教学方式相结合。小学生接受新内容很大部分依靠具体形象思维、动作。教师要注重教具演示的作用和学具操作的作用,如果利用生动形象的图片教具演示,能吸引学生注意力,就会使学生准确理解题意,从而达到帮助学生理解学习内容的目的。改变教学方式可以缓解疲劳从而维持学生的注意力,教师应该尝试改变不同的教学方式,把学生的智力活动与身体外部动作结合起来,例如在教学生记忆乘法口诀时,可以让学生用手拍着节奏齐读,让男女同学分开对口令读,比赛看谁记得快等,这样运用听觉、动作来感知记忆口诀,避免了机械重复,有利于学生注意力的集中。其次,运用鼓励性评价唤起学生的注意力。低年级小学生渴望受到鼓励,教师经常给学生一些奖励性的评价,增强学生的自豪感、满足感,能够使学生在快乐的状态下学习,从而使学生的注意力集中起来。再次,遵守常规,形成良好的学习习惯。良好的学习习惯会使人终生受益,直接影响学生的注意力。小学阶段是为培养良好行为习惯打基础的时候,好习惯要从小养成,良好的习惯要从常规抓起。小学生很容易将手中的物品当做玩具,分散注意力。从学生入学起,教师就应该帮助他们养成将学习用品自觉有序地摆放到固定位置的习惯。文具整齐摆放,有助于排除干扰,集中学生的课堂注意力。

(2)调皮学生的注意力分散干预

对于调皮孩子,我们要针对具体的情况进行分析,全面分析造成其注意力分散的家庭环境、学校教育方式、认知特点等各方面的因素。

小华就是我校四年级一班的学生,自制力较差,以时常破坏课堂纪律而闻名,经常在课堂上制造混乱,赢得全班同学的哄笑。平时喜欢玩耍,智力水平较高。家庭经济条件较好,父亲比较溺爱他,他一有好的表现,其父就大大地奖励,母亲则教育比较严格。

①原因分析:小华在课堂上这些不安静的行为可能是想引起同学与老师的注意与重视,以满足自己的心理需要;对教师讲课不感兴趣或者听不懂;嬉戏成性,缺乏自制力;该生的精力非常旺盛却没有其他渠道来宣泄,另外,小华的父母教育方式不统一,其母的权威、其父的溺爱导致他多方面的适应问题,受父母不同的管教方式的影响他以自我为中心,上课不注意听讲还扰乱正常的课堂秩序,自制能力较差,不尊重他人。

②干预的方法:教师首先及时与小华家长进行沟通与联系,将其在学校

的表现告知家长,共同分析原因,与家长达成共识,明确目标,做到张弛结合,严而有度。其次,帮助小华分析自己的优势及劣势,公正地评价自己,帮助小华认识到注意力分散是其学习成绩不好的重要原因,从而帮助小华树立明确的学习目标,制定适合自己的学习计划,形成良好的作息规律,不断强化从而矫正行为。

(3)注意力障碍的学生注意力分散的干预

儿童注意力障碍的表现主要是注意力涣散,具体表现在上课不能认真听讲,难以约束和控制自己的注意力,思想很容易开小差;活动过多,具体表现为在教室里不能静坐,手脚动个不停,眼睛东张西望,用铅笔在书上乱画,在座位上扭来扭去,在教师讲课时候莫名地插话、过度喧哗;做作业时候常常做小动作,做事无目的性,动作杂乱无章,并不停地变换花样;不能把主要精力用在学习上,对学习缺乏毅力和耐心,不能专心致志,学习成绩落后,随着年级的升高、学习难度的加大,甚至产生逃避学习的现象;此外注意力障碍的儿童还容易冲动任性、情绪极易受挫、人际关系方面也有困难。

对注意力障碍的学生在心理学研究方面已经有了许多的心理治疗方法,我们可以从课堂教学方面提出以下干预策略:

首先,要培养学生学习的自觉性和目的性,帮助其明确学习的目标和任务,培养儿童的组织性和纪律性,限定时间来完成学习任务。在班级授课制的教学体制下,良好的教学组织性和纪律性是让全班学生保持注意力的必要条件。一方面,要求全班学生上课注意听讲,不做小动作,遵守课堂纪律,为儿童提供一个专心致志的学习环境;另一方面,把注意力障碍的儿童安排在教师的前排或者教师看得到的地方,以此来约束他们的不良行为。在明确儿童学习任务的基础上,要求限时完成作业。如果没有时间限制,注意力障碍的学生在做作业过程中会边做边玩,心不在焉。要求学生在规定的时间内完成所交给的任务,然后给予学生正面强化,使学生逐步从限定时间的规定到能够有意识去主动做。

其次,要对学生实施个别教学,改进教学内容和方法,讲究教育艺术,进行教育补救。研究表明,对注意障碍的学生进行一对一的教学,把学习活动细化为若干个小单元,并对环境进行适当的控制,他们的学习活动依然可以达到相当的成绩。教师在讲课的时候要注意突出教材内容的重点,抓基础训练,要求不要过高,布置作业要明确,难易适中,对学习能力差的学生可减少难度较大的内容,对能力较好的学生可增加一些补充作业,以满足他们的求知欲,保持对学习的注意。教师对学生的要求要适度,不可过分迁就,也不能像对待正常儿童那样严格,不切实际的要求不仅达不到目的,反而会造成儿童的心理压力。订立简单的规矩,从小事培养一些专心做事的习惯。对儿童过多的精力给予释放的途径,如在课堂上让他们擦黑板,课外安排一些诸如打球、跑步等活动。对于学生开始出现一些注意力集中的行为教师要多给予正强化以用来加强效果。注意力障碍儿童尤其是伴有多动症的注意力障碍儿童(简称 ADHD),由于注意涣散和盲目冲动,在学校的学习活动本来就感到吃力,如果再加上常见的学习障碍,学习成绩会更加糟糕,还会连带发生情绪与行为问题,教师要多为这些学生提供适当的教育机会,进行教育补救。

  在对注意力障碍儿童的干预中,教育工作者容易犯以下错误:一是将注意力障碍与品行问题相提并论,用传统教育和道德教育工作的方法教育注意力障碍的学生,谈心、讲道理、批评和表扬等,对于注意力障碍的学生,上述教育方法不能从根本上改变学生的症状;二是将注意力障碍与正常顽皮相提并论,用惩罚的方法对待注意力障碍学生,其结果往往适得其反;三是将注意力障碍与屡教不改相提并论,以情绪化的态度对待有注意力障碍的学生,在有注意力障碍的学生身上投入了巨大的精力,如多次找他们谈话、做思想工作,结果投入得越多,越感到无奈和伤心,对这些注意力障碍学生充满了挫折感和怨恨、无奈的情绪,有的甚至放弃了这些学生。由此可知,教师应该以科学的态度来认识、对待注意力障碍的学生。注意力障碍学生在学习过程中不能专心投入,并不是主观问题,而是他们的执行机制出了问题,管理自我的大脑神经出了问题。从这个意义上讲,他们又是不幸的。教师应该以平常心来善待这些学生,然后以科学的方式施以符合他们身心特点的教育。

小学生注意力缺陷的分析与矫正

注意力缺陷即注意力缺陷多动症,以注意力缺损、活动量过度、容易冲动为主要表现特征,是小学儿童常见的心理障碍之一。这些症状显著干扰儿童正常的学习、生活、人际关系、情绪等,由于这类孩子在智能及外观上看起来并无明显的障碍,但又因其行为表现异常,所以容易被外界误会其需求,经常被误解为不听话的小孩。

一、小学生注意力缺陷的具体表现

1. 注意缺乏

这样的小学生不能自始至终集中注意力完成一件事,经常一个活动或游戏未做完,就换成另外一个活动或游戏,而且经常丢三落四,容易遗失随身携带的东西,如课本、文具或玩具等。同时,在做功课或做其他事情时,不注意细节、粗心大意、经常出错。他们心不在焉,常无法专心倾听他人说话,常忘记他人交待的事情,在完成需要持续注意的任务时有困难,不能把注意力集中到一个问题上,常排斥、逃避或不耐烦于需要专心去做的事情或功课,也很容易受外界刺激而分心,注意力容易分散。

2. 活动过度

这类小学生最明显的表现就是很难遵守课堂纪律,不能安静地坐在座位上,会不停地走动。他们在需要安静的时候,也静不下来,无论什么场合都会无所顾忌地跑来跑去。这类儿童活动量较大,往往活动起来就不容易停下,很难安静地做事情或玩游戏,常常无缘无故地大声说话,而且话很多。

3. 行为冲动

这类小学生经常不经思考就行动,想做就做,从不考虑后果。思考落后于行动,组织活动时存在困难,没有很好的自我控制能力。别人谈话时,他们往往耐不住性子,会不自觉地打断别人的谈话。自我控制差,在游戏或团队活动中,无法耐着性子等候或排队。

二、小学生注意力缺陷的诊断标准

目前被广泛采用的注意力缺陷诊断标准是 DSM—Ⅲ—R 标准,具体内容如下:7 岁以前起病,不符合广泛性发育障碍,但与大多数同龄儿童相比,下列行为更频繁,即符合下面 14 条中的 8 条以上,并持续 6 个月,可诊断为注意力缺陷多动症。手或脚不停地运动,或在座位上扭动;即使必须坐定,也很难静坐在座位上;易受外界因素影响而分散注意力;在集体活动或做游戏时,不能耐心地等待轮转;别人问话尚未结束,便立即抢着回答;不能按别人的指示做事情;在做功课或玩耍时,不能持久集中注意力;一件事尚未做完,又做其他事情;不能安静地玩耍;说话太多;常赏打断他人的活动或干扰他人学习、工作;别人对他讲话,往往听不进去;学习时的必需用品,如书本、作业本、铅笔等常常丢失在学校或家中;往往不顾及可能发生的后果参加危险活动,例如不加观察便奔到马路当中。

当然,这个标准还存在不足之处,有待逐步完善。目前正在编制的 DSM—Ⅳ 力求使诊断标准更为准确,更易操作。同时,以标准为基础的各种常模参照的测验也在编制和使用中,以确定有注意力缺损的障碍儿童的缺损程度,为病因探索、针对性教育等提供依据。

三、注意力缺陷的成因

1. 先天生物因素

注意力缺损障碍儿童主要是由于内在中枢神经系统的发育,或大脑生化问题而导致。上世纪 40 年代,人们首先将多动现象与大脑损伤联系起来以后,医学家、生理学家和生化学家都一直在尝试寻找造成这一障碍的生物因素。研究发现:注意力缺损障碍的儿童人微言轻,整体在神经解剖结构方面与别的儿童有不同之处,额叶区的失调与注意力缺损有关。主要表现为注意力缺损者在此区域的代谢活动要少于正常儿童,但在感觉和感觉动作为主的区域的代谢活动却比正常儿童要多。神经化学方面的研究则发现注意力缺陷障碍可能与多巴胺神经系统有关,多巴胺活动功能减低会导致注意分散。神经生理学研究较宏观地考察了注意力缺损障碍者在神经通路上的兴奋和抑制上与正常人的不同。这些都是造成注意力缺损障碍的神经机制方面的原因。

2. 运动不足

近年来的研究发现,患有注意力缺陷多动症的儿童多数都有"感觉综合功能失调"的症状。所谓"感觉综合功能失调",是指大脑不能将来自身体各部分的感觉信息进行充分的加工整理。感觉在大脑中的统合(加工整理)就像食物在胃肠中消化那样,食物过少会引起消化不良,机体就得不到充分的营养;感觉不足或感觉在大脑中综合不好,大脑也会发生"营养不良",组织不好机体各方面的活动,导致注意力不集中、多动等异常现象。孩子如果运动不足,大脑就得不到相应的感觉信息的刺激,因而会出现注意缺陷、动作过多和自我控制能力差等症状。

3. 无意注意过剩

注意有"有意注意"与"无意注意"之分,前者指自觉的、有预定目的的、而且必要时还需要做出一定努力的注意活动;后者指没有自觉的目的、不加任何努力而不自主的、自然的注意。人在幼年时期以无意注意为主,随着年龄增长有意注意逐渐发展完善。但如果在幼儿时期孩子受到无意注意刺激,就会影响其有意注意的发展,以致进入学龄期后仍无法进行有意注意,不能集中注意听课,甚至到了初中阶段,注意发展水平仅仅达到小学二三年级的程度。

四、小学生注意缺陷的矫正

1. 认知行为训练

通过问题解决训练、自我控制训练、情绪管理训练及社交技巧训练,协助这类学生学习自我控制及自我管理技巧。例如:自我控制训练可藉由录音带的提醒,采取循序渐进的方式,训练孩子的注意力,以提升学习效果。此外还包括:

(1)训练有意注意能力

让这些学生多做一些目的与要求明确的事情,发展他们的有意注意。有意注意是一种有预定目的并需要一定意志努力的注意,在注意活动中占主导地位,是一种最有效的注意。要培养这一注意,首先他们要明确任务和目的,使行为服从于活动的目的,从而不断积极、主动、自觉地保持注意。做得好,要给予鼓励,做得不够的地方,要让他们重做,以逐步克服注意力缺陷的症状。经常这样要求他们做事情,即使平时注意力不够集中、不能长时间坚持、粗心大意的孩子,也会聚精会神地努力完成老师交给的任务。当然在提出任务和要求时,一次不要过多,应遵循循序渐进的原则。

(2) 磨练意志

注意力的形成和发展是与意志密切联系的,不断提高意志能力是发展这类学生注意能力的心理保证。磨炼意志,形成良好的意志品质,能为注意力发展奠定良好的基础。

此外,在训练过程中,注意利用奖惩对孩子的行为进行强化,增加孩子好的行为,减少不良行为。强化要及时,对同一种行为的强化前后要一致。当孩子出现好的行为,取得进步时,要立即给予奖赏与响应。如果遇到学生可能面对的情绪及学习困扰时,要及时给予心理辅导与支持。

2. 优化课堂内容,运用课堂技巧

(1) 从兴趣出发,引起注意

要引起学生的注意又能维护其注意,兴趣是很重要的。事实表明,最能激发兴趣的事物,也是最能引起注意的事物。而"好奇"是学生的天性,小学生尤其"好奇"。教师在上课时若能抓住学生的好奇心,巧设悬念,提出引人深思的问题,就能引起学生的学习兴趣,把学生的注意力引入课堂学习之中。人的兴趣不是与生俱来,它是在一定需要的基础上,在实践的过程中产生和发展起来的。课堂教学的内容越贴近生活,就越符合学生的需要,也就越能激发学生的兴趣,学生的注意力也能更加集中。

(2) 提出具体明确的目标

在教学过程中,要学生明确学习的目的和意义。不但在开始讲授一门新课时要说明这门学科的性质和任务,说明课的重要性,而且在每一节课都向学生提出这堂课的学习目标,学生有了明确的目标,带着这些目标去听课,注意力就会集中起来,容易达到较好的学习效果。

(3) 教学结构合理化，教学方式现代化

教学结构的合理化、教学方式和方法的现代化、形象化、多样化，能够吸引学生的注意力。如：变单一的师生之间纵向交流的传统模式为纵横交错的网络结构；采用电声光传播技术的先进教学手段；利用教材中的插图，播放录像、投影、演示实验等，都能引起和保持学生的注意力。

(4) 重视信息反馈

在课堂教学中，教师发出的信息对学生有无重大意义，能否激活记忆中原有的信息是引起注意的关键。如果教师发出的信息学生感到深奥晦涩，学生就是有再强的自觉性、再大的兴趣，也无法集中注意。这就要求教学内容的难易、深浅程度和教学速度等方面要适当而和谐，符合学生听课的信息反馈。特别是有注意力障碍的学生，及时了解讲解的内容能否被他们接受，会培养学生的有意注意。

3. 创造良好环境，防止学生注意分散

(1) 调整教室环境

教室环境要避免过多的刺激干扰，同时掌握亲近感及权威压迫感原则，适当安排座位。小学生常常会因无关刺激物的干扰出现注意分散的现象，因此，要清除环境中可能分散注意力的事物，尽可能隔绝一切外来无关"刺激"。排除一切可能分散小学生注意力的因素，为学生提供一个安静、舒适的学习环境，发展其注意的稳定性与持久性。

(2) 利用音乐，创设氛围

旋律优美的乐曲，能陶冶学生的情操，消除学习的紧张和疲劳。因此，恰当地利用音乐，创设一种愉快和谐的氛围，能增强课堂教学的效果。当学生学习疲劳时，注意力很难集中，这时放一些音乐给学生听，消除学习的疲劳，简单的放松后再把学习的磁带放给学生听，学生就能全神贯注地听老师讲课了。这样，既学习了知识，又陶冶了情操，也培养了学生的有意注意。

(3) 良好的课堂环境

在教学中，教师要精心锤炼课堂教学语言，力求生动、形象，教师幽默诙谐的语言，能增强课堂教学的吸引力，集中学生的注意力。此外，教师要积极创造条件，为学生创造"动"的氛围，让学生积极参与课堂教学活动。教师还应善于运用无意注意和有意注意相互转换的规律,创造一个良好的教学氛围,使学生乐学。一种良好的学习气氛,一个整体和谐的班集体,是学生注意力集中的大背景。在这个背景下才能形成普遍全神贯注的大气候,有了这种大气候,注意才能真正的入神,教学效果也才会得到真正的提高。

4. 调整情绪和精神状态

(1)保持良好精神状态

人在疲劳的情况下,常常不易觉察到一些事物;在精神饱满时,则很容易对需要注意的事物产生注意,而且注意也易于长久保持。因此,患有注意力缺陷症的儿童应该每天尽量以良好的精神状态,投入学习中,才容易集中注意力。

(2)注意休息,积极锻炼

体质不好、作息没有规律是分散注意力、影响注意效果的两个重要因素。为此,让学生有规律地学习和生活,保证足够的睡眠。同时,鼓励学生积极参加体育活动,增强体质,调节神经系统功能,为注意力发展奠定良好的生理基础。让多动儿童有计划地参加体育锻炼,如走平衡木、摆积木、走迷宫、溜冰及各种球类活动等,为他们充分提供看、听、问、触摸等机会,使他们的大脑得到更多的感觉输入。再综合这些感觉,做出适应性反应,大脑功能得到逐渐完善,达到以"动"制"动"的效果。

第二节 基本原则 理论依据

开题报告

一、课题提出的背景

在平时教学中,常常碰到这样的情况:同一班级,有些学生学习专心致志,从不受任何干扰,认认真真地学好各门功课;有的虽然思维敏捷,但不能自律,常随便说话、做小动作;有的上课看似认真,实际上心已飞出教室,想些与课堂无关的问题,如踢球、玩游戏等,以致老师叫他回答问题,他才如梦初醒,连问题都没听清;有的学生很难集中注意力,做作业、看书总是静不下心来;还有的学生做功课时,总要弄一些"玩"的小插曲,作业漫不经心,疲疲沓沓,边做边玩,结果作业时间长,差错不少,使得自己学不好,玩不好。因而这些学生的学习成绩常不理想。

培养小学生的注意力就显得尤为重要。基于此,《小学高年级学生课堂注意力的培养研究》的课题研究有必要深入地研究下去。

二、理论依据

小学生的注意力有如下特点:

1. 由无意注意占主导逐步发展到有意注意占主导

随着年龄的增长,小学生的大脑不断成熟,神经系统活动的兴奋与抑制过程逐步协调起来。同时,由于教学提出的要求和教师的训练,学生的有意注意逐步发展起来。四、五年级小学生的有意注意基本上占主导地位。

2. 对具体生动、直观形象的事物的注意占优势,对抽象材料的注意在发展

小学生,特别是低年级学生的知识水平和言语水平很有限,具体形象思

维占重要地位;随着学生学习活动的发展和知识水平的提高,随着以词为基础的第二信号系统和抽象逻辑思维能力的发展,学生对具有一定抽象水平的材料的注意也逐步发展起来。

3. 注意有明显的情绪色彩

小学生由于大脑与神经系统的内抑制能力尚未充分发展,一个兴奋中心的形成往往波及其他相应器官的活动,面部表情、手足乃至全身都会配合活动,所以注意表现出明显的情绪色彩。例如,学生在课堂上,如果听得入神,就会表现出庄重的样子;如果听得高兴,就会露出欣喜的笑脸,甚至会高兴得手舞足蹈。

三、相关概念的界定

(一)注意力的概念

所谓注意是心理活动对一定事物的指向与集中,是智力活动的基础条件。集中注意力就是专心致志、心无杂念。人在真正集中精神去做某件事的时候,能够发挥出通常情况下无法想象的潜力。

注意力是指人的心理活动指向和集中于某种事物的能力。"注意",是一个古老而又永恒的话题。俄罗斯教育家乌申斯基曾精辟地指出:"'注意'是我们心灵的唯一门户,意识中的一切,必然都要经过它才能进来。"注意是指人的心理活动对外界一定事物的指向和集中。具有注意的能力称为注意力。

(二)注意力不集中的表现

1. 容易分心

不能专心做一件事,注意力很难集中,做事常有始无终。

2. 学习困难

上课不专心听讲,易走神,学习成绩不稳定,健忘、厌学,作业、考试中经常因马虎大意而出错。

3. 活动过多

在任何场合下都无法安静,手脚不停或不断插嘴、干扰大人的活动,平时走路急促,经常无目的乱闯乱跑,不听劝阻。

4. 冲动任性

情绪不稳定,易变化,常常不假思索就得出结论,行为不顾忌后果。

5. 自控力差

不遵守规章秩序,不听老师、家长的指示,做事乱无章法,随随便便,一切听之任之,不能与别人很好合作,容易与他人发生冲突。

四、研究内容及目标

(一)研究内容

分析高年级小学生课堂注意力差的表现类型。根据学生的表现症状,调查研究高年级小学生课堂注意力差的主要原因。影响学生学习注意力不集中的因素是多方面的,错综复杂的,归结起来,不外乎两个方面,即外部因素和内部因素。

1. 外部因素:(1)不良的学习环境造成学生注意力涣散,学习分心。(2)教育的方式不当。

2. 内部因素:(1)对学习的目的、意义认识不足。(2)学习上怕困难,没有一定的毅力,造成学习的分心。(3)不能自律,抗干扰能力差(就是我们平时所说的"马虎、粗心")。(4)注意的稳定性、持久性差,注意的范围窄,不善于调节注意的分配和转移(或称"感觉统合失调")。(5)过分疲劳,造成注意力涣散。

3. 在总结学生学习注意力不集中因素的基础上,继续观察研究小学生课堂注意力差的各种表现。按照心理学的归因分析具体是什么原因导致的。还要根据实际情况,有针对性地从问题学生所处的社会、家庭环境等方面进行综合分析。

4. 在掌握学生课堂注意力差的原因的基础上采用行之有效的教育教学行为,慢慢培养他们的注意能力,研究培养小学生课堂注意力的有效策略。

(二)研究目标

1. 力求通过该课题的研究,让学生明确学习目的,激发自我提高内驱力,加强意志锻炼,提高抗干扰能力。培养学生的自律能力,养成良好的注意习惯。培养学习兴趣,提高课堂注意力。

2. 力求通过该课题的研究,使教师明确在教学中如何根据小学生的心理特点适当调整教育教学手段,精心设计课堂教学环节,激发学生学习兴趣,关注学生情感,创设和谐愉悦的学习氛围,促进小学生养成良好的注意能力。

3. 通过该课题的研究,让家长明白在家庭教育中要注意调节学生学习的强度,劳逸结合,适当休息,根据孩子的心理特点调整家庭教育手段,促进小学生形成良好的课堂注意力。

4. 积累"小学生课堂注意力加强"的成功案例,提炼升华成功经验并上升为理论,探索出提高小学生课堂注意力的有效策略及方法体系,研究出提高小学生课堂注意力的方式方法。

五、研究方法

以"调查——研究——实践——总结"为研究模式,力图在调查中研究,在研究中实践,在实践中总结。

1. 调查研究法。课题研究前,先采用全面教师问卷、学生问卷、家长问卷和个案调查的方法,搜集研究对象有关的现状,弄清事实,进行分析、概括,发现问题,探索规律。

2. 个案研究法。通过学生的典型案例,开展以学生课堂注意力转化和注意力加强的两方面为主的案例研究。

3. 行动研究法。定期调查小学生课堂注意力转化的表现。

4. 经验总结法。及时总结经验,并形成书面材料。

六、研究步骤

(一)准备阶段(2012年9月–2012年10月)

1. 成立课题研究小组,撰写课题研究方案。主要工作包括相关资料的搜集和整理,课题研究方案的设计,课题组的成立,有关人员的培训等。具体工作如下:

(1)组织学习《小学高年级学生课堂注意力的培养研究》课题研究方案。

(2) 成立课题组,召开课题组成员会议,明确研究任务。

组　　长:李金芝

副组长:吕艳玲

成　　员:曾洁、李华、张伟

2. 组织参与课题研究人员学习课题相关资料。

3. 小学生注意力现状调查与分析。

(二)课题实施阶段(2012年10月－2013年7月)

全面开展课题研究,选择合适的实验对象,进行具体实验,进行个案追踪与访谈、形成阶段性总结材料等。具体工作如下:

1. 设计调查问卷,对学生注意力现状进行问卷调查与分析。

2. 落实课题研究方案,及时召开课题研究会议,开展课题研究活动。

3. 不断总结反思研究过程性材料,形成初步的课题阶段总结。

4. 定期召开课题组成员会议,及时发现问题,调整研究思路。

5. 整理研究成果,进行成果展示,形成书面总结材料。

(三)课题验收总结阶段(2013年8月－2013年9月)

主要工作是总结和整理研究成果等。具体工作如下:

1. 组织结题培训,明确结题工作要求。

2. 收集整理研究资料,撰写课题研究报告,写出课题研究总结报告。

3. 申报结题。

七、预期成果

1. 课题调查报告、课题研究论文、课堂教学成果、课题研究总结。

2. 选择成功经验做法整理成案例集。

八、课题组成员及分工

组　　长:李金芝(组织、策划课题研究工作,负责拟定课题实施方案,抓好课题研究具体工作的实施,撰写研究报告)

副组长:吕艳玲(提供研究案例,撰写教学设计和论文)

成　　员:曾洁(提供研究案例,撰写教学设计和论文)

李华(提供研究案例,撰写教学设计和论文)

张伟(提供研究案例,撰写教学设计和论文)

课例研究制度

为积极改进教研组活动,努力探索教研活动的形式和内容,走以校为本的教研活动特色之路,努力提高教师的课堂教学能力,以研带教,以教促研。特制定我校课例研究制度:

1. 每学期备课组要确立一项课例研究课题。

2. 对已经确立的课题要指定教师完成相关内容的备课、课堂实践、课后反思和课后研究。

3. 课例要拍照片,充分利用现代教学技术手段提高课例研究的实效性。

4. 通过课例研究积累教学经验,实现资源共享,尽快提高年轻教师的教学能力。

5. 教研组积极开展研究,实现课例研究向课题研究转变,提升校本研究水平。

6. 课例研究的相关材料要定期检查。

课题组研究活动制度

一、指导思想

为了确保学校承担的各级各类课题顺利开展,学校以新课程为导向,深化教育改革,发展教育事业,改进和加强科研工作,立足学校,解决学校在课程实施中面临的各种具体问题,建立以教师为研究主体、以学生主动发展和教师专业化成长为宗旨的课题研究制度。

二、基本目标

建立以校为本课题研究制度,一是为了推动学校实施新课程教育的实践活动,解决学校、教师在实施新课程中所遇到的问题,解决学生发展和教师自身专业化成长中所面临的问题;二是解决在实施新课程中学校自身出现的问题,由学校校长、教师共同来分析探讨,形成解决问题的方案,从而使学校逐步适应新课程;三是从本校和教师自身的实际出发,充分发挥学校内部的潜在教育智力资源,激活学校内部的资源,开展各种形式的研究活动,提高教学研究和解决实际问题的能力。

三、课题研究主要形式

建立以"自我反思、同伴互助"为核心要素,以理论学习、案例分析、校本论坛、教学反思、经验交流、问题解决、教学咨询、教学指导、教师对话等为基本形式的课题研究制度,并通过教学观摩、教师优质课等活动,为教师参与课题研究创设平台、创造条件。灵活运用多种可研究形式,以"问题——研讨——实践——反思"的操作方式,努力提高课题研究的针对性和实效性。

1. 自我反思

教师的自我对话。教师结合新课改发展需要,根据自己制定专业发展计划、个人研究学习计划以及学校的课题研究培训计划内容,自觉学习并对自己的教学行为进行分析,提出问题,制定对策。

2. 同伴互助

教师与同伴的对话。教师以学校一系列课题研究活动为载体,以教师或教学遇到的问题为研究内容,注重"以老带新,以强带弱";在课题研究活动中鼓励不同思想,发挥个人的优势,对问题大胆评点,各抒己见,为解决问题提供新思维、新思想、新方法。

四、课题研究具体管理制度

1. 认真积极参加上级部门举办的教研、培训活动,形成自觉教学反思的习惯,外出学习的教师应做好学习笔记,回校后在相应范围内及时交流。

2. 每次课题研究活动,相关教师要按时参加并积极发言,与同伴互助,共同进步。

3. 实验教师参加课题研究工作要完成以下内容:

(1)按时参加课题组的课题研究活动,并把研究贯彻落实到课堂以及其他教育活动中。

(2)在开学初制定本学期学科组研究计划。

(3)写好每节堂课的教学札记。

(4)每月至少写一次教后反思记录,提出一条教学中存在的问题和一条教学建议。

(5)每月向课题组提供一个典型案例和一个值得探讨的问题。

(6)每学期至少上1节研究课。

(7)每学期至少上交一篇研究性论文或经验总结。

(8)自觉自学相关教学研究理论与教学案例,保持每周学一篇文章,每学期学习一本理论专著。

五、课题研究活动要求

(一)课题研究活动设计要求

1. 营造严谨、求实、民主、宽松的课题研究氛围,有效开展教师间的交流与合作研究。

2. 加强自我研究意识,养成理论学习和实践反思的习惯。

3. 力争得到专业人员的支持与指导。

4. 加强学科整合,改变过于强调学科本位的倾向。

(二)课题研究活动过程要求

1. 每次课题研究活动,负责人要制订好详细的活动计划。

2. 课题组组织的课题研究活动由负责人及时向教导处汇报活动情况,教导处组织的课题研究活动由负责人及时向校长室汇报活动情况。

3. 每次课题研究活动,负责人要整理好过程记录与活动总结,建立并保管好各级管理主体的课题研究档案。

4. 课题研究活动的参与者要努力配合管理主体顺利进行教学研究,以主人翁的态度搞好课题研究,提高自身素质。

六、课题研究评价方案

1. 对课题研究活动中表现突出的教师个人,优先派出参加各级专业培训。

2. 属于课题研究培训范畴的活动,按实际学时给予计算继续教育学分,报主管部门登录。

3. 课题研究评价结果与教师个人年度考核相结合,对课题研究工作无故不参加、态度差的教师年度考核不得被评为"优",更不得参与各类评优评先活动。

第三节　阶段总结研究报告

课题阶段总结

一、认真学习相关理论,积累相应的理论储备

在开展小课题研究活动之前,我和课题组成员认真学习了一些相关专业书籍,同时参加外出培训了解了一些相关的讯息。

二、训练前,明确目的

发放调查问卷,摸清情况。

对行为目的理解越深刻,完成行为的愿望也就越强烈。对学习生活的目的和意义明确以后,就会自觉地、长时间地、稳定地去指导自己的注意力。根据这一理论,我跟我们的课题组成员首先做好了充分的准备工作。召开实验班家长会,发放《学生注意力调查测评表》57份,以了解学生的注意力水平。希望能在客观科学的测评结果基础上,有针对性地对学生进行相应的听、视、动觉协调训练,同时以快乐游戏内容,激励和培养学生自我成长的能力。改善学生的课堂学习注意力,提高学习的学业成绩。

三、训练中,总结经验

(一)选择课程,培养兴趣

养成良好的个性心理兴趣是注意力集中的内部驱动力,它对人的注意力的分配起着重要的作用。同时,要培养严格的组织性和纪律性,遵纪守法,养成良好的个性心理。所以,每节课老师对实验班学生的课堂纪律都有严格的要求,并将课堂纪律作为培养学生养成良好习惯的一项内容。在授课内容上,实验教师选择《小学生注意力强化训练方案》教案中趣味性强、以游戏为主的活动作为授课内容和训练内容。如在 2596458736559154287537091087 46 这组数字里,在两两相邻的数字下划线,两两相邻的数字是其和等于 10 的两个数字;闭眼听硬币掉地、滚动、最后到达的位置的声音;测测自己能听出几种人的笑声;复述数字等。但在具体操作的过程中,我们也发现一些问题,有些活动虽然趣味性强,如让家长与学生一起进行十字绣活动,操作起来有一定难度。要么材料备不齐,要么孩子不具备这一能力,要么家长不配合,诸如此类的课程内容就难以进行下去。对这种情况,我反思应该如何调整课题研究的思路。我召集课题成员讨论,在自己所任教的学科中加上一点"调味剂",这"调味剂"就是短时高密度的学科基础知识竞赛。

(二)鼓励学生,提升自信

作为训练自己注意力的最初阶段,我让上课的老师对实验班学生先降低标准:做一件事情之前,首先要清除书桌上全部无关的东西,使自己迅速进入主题。如果你能够做到一分钟之内没有杂念,进入主题,你就了不起;如果你半分钟就能进入主题,就更了不起;如果你一坐在那里,十秒、五秒,当下就进入,那就是天才,那就是效率。这一标准的制定,参加训练后不久的很多同学,注意力都有了不同程度的提高。这时,实验班老师会及时告诫实验班同学:千万不要受自己和他人的不良暗示。有的家长从小就这样说孩子:我的孩子注意力不集中;在很多场合都听到家长说:我的孩子上课时精力不集中;有的同学自己可能也这样认为。实验班的老师经常告诫孩子们:千万不要这样认为,因为这种状态是可以改变的,现在已经改变了。而且经过这样的训练,你的注意力一定能够发生一个飞跃。对于绝大多数同学,只要你有这个自信心,相信自己就可以具备迅速提高注意力集中的能力。能够掌握"专心"这样一种方法,你就能具备这种能力。

(三)坚持训练,排除干扰

除了对学生进行学科短时高密度的基础知识竞赛外,实验老师还提出与训练相关的问题,如在课堂上,为什么有的同学能够始终注意力集中呢?为什么有的同学注意力不能集中呢?基于此,我设计了《小学高年级学生课堂注意力——学生课堂注意力观察记录表》《小学高年级学生课堂注意力——学生课堂行为统计表》,对实验班的语文、数学、英语、科学任课教师进行课堂跟踪观察记录。我们发现只要能让学生参与教师的教学活动,做课堂的主人,学生的注意力就会集中,注意力持续的时间就会持久。

四、存在的困难

在对《小学高年级学生课堂注意力的培养研究》课题进行实验的半年时间里,我们实验班的老师尽量克服各种困难坚持进行,在实验的过程中,我们感受到了实验班孩子对活动课的浓厚兴趣。但确实也存在一些实际困难:

(一)如何保证上课教师的选择和每周的课时。

(二)训练的场地布置和教学材料的准备相对复杂。

(三)家长的配合训练很难保证(因为要保证有电脑,家长还要有时间,很多家庭的父母上班,孩子由老人看管,对训练造成一定阻碍。)。

(四)每次活动要印刷的纸张需求量很大。

2013 年 1 月

阶段性总结

基于教学中存在的问题与疑惑,我于 2012 年 9 月份,将"小学高年级学生课堂注意力的培养研究"作为我校重点研究项目,经过市教体局教科室同意,制定了详细的研究计划并付诸研究工作,取得了阶段性成果,现将这一课题研究做出小结。

一、这一阶段我们的具体做法

(一)组织课题组进行听、评课活动

在实验课题组成员任教的学科上,我定期组织课题组成员进行听、评课活动,为了更全面的发现问题,我给我们课题组成员进行了听、评课分工:吕艳玲主要从观察教师教学机智与教态方面听、评课,曾洁主要从观察教师行为方面进行听、评课;张伟主要从课堂时间分配方面进行听、评课;李华主要从学生学习行为方面来听、评课。在课题小组交流后,每一位上课的教师写出课堂反思与整改报告。在这样的听、评课活动中,教师不断改进自己的教法与课堂教学思路,实验班学生学习的注意力也有了明显的提高。

不仅如此,我也在任教的课堂上有针对性地对学生进行注意力的训练:运用积极目标的力量(就是教学生给自己设定一个要自觉提高自己注意力和专心能力的目标,自觉并坚持完成目标);指导学生排除干扰;培养学生学习的兴趣;对学生进行感官的训练(舒尔特方格法、拼图、玩扑克牌游戏、圈数字游戏、用7分钟写完1—300数字、捡豆子、走迷宫、顶乒乓球走路、认真做课间操、拍球、反口令)。经过不断地完善课题研究的过程,一年后,实验班学生的课堂注意力有了明显的提高。为了更直观地检测注意力训练是否有效,我们把四年级两个班的期末成绩测试以实测分数进行登记。四年级两个班学生各科成绩进行比对,我们欣喜地看到,实验班四年级一班的语文、数学、英语、科学成绩明显高于非试验班四年级二班的成绩。这是不是可以证明,我们的注意力训练是有效的?

(二)根据问卷调查调整课题研究方向

为了充分地了解学生的实际情况,我根据小学四年级学生的注意力特点,分阶段设计了"高年级小学生注意力的测试""家长对孩子注意力的自测观察表""学生注意力测评表"。然后,根据答卷的情况进行了详细地分析。将实验班四年级一班学生的表现与非实验班的学生进行比对,每半年对实验班学生进行阶段性注意力测评分析,对实验班的学生进行注意力水平的调查分析。根据调查分析表上发现的问题,在下一个研究阶段对学生注意力有侧重的训练。经过对实验班学生不断调整的训练,一年后,实验班学生的问卷调查数据显示,实验班学生课堂集中注意力的能力有了明显的提高。

(三)观察学生,给学生进行分类,有针对性地对学生进行访谈

我观察分析四年级一班学生的听课状况,根据学生的自身特点分类。

一类是存在注意力缺陷问题的学生。

李某即使在座位上端坐看似认真听课,他对老师的提问也从来不思考。如果在下面做小动作,会不时斜眼窥探老师。背诗时常常窜行,并且背诵得相当慢。如果不督促,即使是一节课,一首五言诗也很难背诵下来。与人交流的方式常常令同学接受不了,常动手动脚。无论和男同学还是女同学同

桌,都经常发生矛盾。他和老师说话也不会看着老师。他在座位上与同学发生冲突想告诉老师,他会边向老师面前走边说,没有走到老师面前,他说完就回去了,也不管你解决不解决。与别的学生发生争执,老师处理时,他总会说"不是我先骂的"或者说"不是我先打的"。老师处理到最终还是他先骂人或打人的。老师留的任务不能主动完成,并且专门看人的缺点。

高某这是一个聪明伶俐、听话懂事、活泼好动、爱动脑筋的孩子。他学习自觉性强,能按时认真地完成作业,上课发言积极,听讲认真;但是,他注意力不是很集中,或者说注意力集中的时间有点短暂,而且容易被其他事物所吸引,导致有时回答问题答非所问,粗心马虎几乎是所有小学生的最大缺点,他也不例外。

王某,动作特别慢,写字时总喜欢不停地捣鼓笔,听课时,常常人在教室,心却游走于教室外。平时有意让他做事,他总会以没有听清楚来要求老师重新说一遍,并且总强调自己是对的,没有错的时候,是总强调自己的理由。他由奶奶一手带大。老师管教他的一些不好的行为时,王某不是歇斯底里地哭就是推桌子,甚至严重到把课桌掀翻。

刘某,不能跟上老师的讲课思路,作业总是丢三落四,课堂交流时发愣,再问就是一言不发。不能主动完成学习任务,经常不完成作业,做任何题都选择偷工减料。他由爷爷奶奶一手带大。

还有一类是家庭很重视学生的教育,可是学生的自控力很差。

剩下的学生还可以分为两类。第一类是不论哪位老师讲课,什么时候讲课都不会有注意力分散的情况发生;第二类是只要在老师的视线控制之下,就会跟住老师听课。

(四)在对学生分类的基础上采取了整体集中训练与课堂和课后辅导相结合的措施

实验课堂阵地我选取了提高注意力训练课堂,选取了语文、数学、英语、科学课堂。分别由吕艳玲任教语文课、曾洁任教数学课、李华任教英语课、张伟任教科学课,并且把提高注意力训练的许多成功做法融入语文、数学、英语、科学课堂。语文课堂上,随时重复重要的内容,进行一分钟读词、5分钟读书、10分钟抄课文等比赛。数学课堂对学生进行5分钟速算训练;科学课集中注意力看看谁发现的现象多;英语课堂集中注意力猜单词。也就是说,课堂上无论是轻松还是紧张,都使学生在注意力集中的情况下进行。即使是课间操后,我也有意教给学生一些活动,这些活动也是融合左右脑协调与锻炼身体、开启心智等多方面的内容的。

(五)定期开设心理健康课

"这样学习效率高""谁的速度快""约翰的胡子""小猫钓鱼""老师头顶上的蜜蜂"等心理健康课的开设,让学生在快乐中学会了集中注意力的方法。学生在心理健康课后的感言中有了深刻的体会。小露说,这节课的学习,我知道了必须要让眼耳口手脑齐心协力才能做到注意力高度集中,还要每天晚上或早晨练习一下,才能真正提高注意力。如,左右手画图、快记数字。学生小文说,从这节课上,我认识到了集中注意力的重要性,要上好课,必须集中注意力。

对学生进行训练,提高学生注意力的游戏有:"我是坚强的小树""玩扑克""开火车""顶乒乓球""给数字画线""指读数字""复述数字""智力训练""堆火柴棍""钟表训练""舒尔特方格法""拼图""用7分钟写完1—300数字""捡豆子""走迷宫""认真做课间操""拍球""反口令"等。万某在活动"我是坚强的小树"后,说:"在我坚持不住的时候,我对自己说,加油,不要放弃,坚持就是胜利。"小英说:"我终于战胜了自己,克服了困难。经常做这样的运动可真好呀!"小新说:"开始做吧,我想做这些活动有什么用啊,我连续做了两次都输了,我心中有无数的后悔,不过,以后这样的活动我会坚持下来!"

二、实验阶段收获

(一)成就了教师的专业自我

该课题的研究对每一位小学高年级教师来说是极富挑战力的。通过该课题研究,进一步促进了教师在教育教学观念上的转变,把培养学生的注意力,养成良好的学习习惯作为课堂教学的重要内容来抓。培养学生的注意力,教师的课堂教学水平也起着举足轻重的作用,因此教师在自身的课堂教学艺术、课堂教学模式上也有了很大的改变。各教师的具体情况如下:

1. 李华执教的《让宽容常伴你我他》被评选为莱阳市优秀德育主题班会优质课。

2. 李金芝在全市心理健康培训会上做示范课。

3. 李金芝参加了省心理健康教材的编写工作。

4. 李金芝执教的《这样学习效率高》获山东省心理健康优质课。

5. 李金芝执教的《还是喜欢我自己》获烟台市心理健康教育优秀设计奖。

6. 李金芝参加中国健康促进与教育协会举办的"全国学业指导能力提升策略及学困生心理辅导高级研修班"培训。

7. 李金芝参加山东省中小学教师远程研修,评为优秀研修组长。

(二)成长了学生的真实自我

小学高年级学生课堂注意力的培养让学生养成了良好的学习习惯。细节决定命运,习惯决定成败,小习惯成就大未来。每个学生都有一个美好的心愿,可是自身的年龄特点却使他们注意力不集中、自我约束能力差。而该课题的研究使每个学生的真实自我得以呈现,高度集中的注意力增强了学生的自信心,分析问题、解决问题的能力有了很大的提高。

三、存在问题

(一)教师自身的理论功底不够扎实。

(二)教师课堂教学时提问还不能做到每个都是"精问"。

(三)教师提问时不够全面,致使学生思维发展参差不齐。

(四)课常上,学生虽然敢问、善问了一些,但离"真正做学习的主人"尚有一段距离。

(五)由于试验班级教师的知识水平不同,练习的设计也是根据不同班级的水平而定,教师在讨论这方面的问题时也不能达成共识。

(六)如何才能让所设计的提高注意力训练在教学中发挥更有效的作用?

四、今后的改进措施

（一）继续坚持教学研究

加强对教师的业务培训,教师在教学设计提问时应注意趣味性,课堂提问的内容新颖别致、富有情趣和吸引力,使学生感到有趣而愉快,在愉快中接受学习。

（二）进行多渠道的学习,提高学生的注意力

以上是我小课题研究完成的一小部分工作,以后我们课题组成员会本着"想到一点就做到一点"的课题研究作风,扎扎实实地做好课题研究工作,决不敷衍了事,一切本着课题研究的精神,实实在在地做好每一项工作,使课题研究成为日常课堂教学的一部分。

2013 年 7 月

研究报告

《小学高年级学生课堂注意力的培养研究》是莱阳市西关小学李金芝承担的莱阳市 2012 年小课题,2012 年 9 月获准立项并开始研究,经过课题组五位教师近一年的努力,已经达到了课题研究的基本目标,此报告即课题研究的总结。

一、课题的提出

俄罗斯教育家乌申斯基曾精辟地指出:"'注意'是我们心灵的唯一门户,意识中的一切,必然都要经过它才能进来。"新课程标准要求我们激发和培养学生的学习兴趣,帮助学生树立学习的自信心,并养成良好的学习习惯。学习习惯包括集中注意力倾听的习惯、思考的习惯、观察的习惯、读写的习惯等。良好的注意力有益于集中学生的心理活动,提高观察、记忆、想象、思维的能力。还能帮助学生积极主动的参与学习的过程,积极思考,不断创新。

在平时教学中,常常碰到这样的情况:同一班级,有些学生学习专心致志,从不受任何干扰,认认真真地学好各门功课;有些学生并不是这样:有的

虽然思维敏捷,但不能自律,常随便说话、做小动作;有的上课看似认真,实际上心已飞出教室,想些与课堂无关的问题,如踢球、玩游戏等,以致老师叫他回答问题,他才如梦初醒,连问题都没听清;有的学生很难集中注意力,做作业、看书总是静不下心来;还有的学生做功课时,总要弄一些"玩"的小插曲,作业漫不经心,疲疲沓沓,边做边玩,结果作业时间长,差错不少,使得自己学不好,玩不好。因而这些学生的学习成绩常不理想。

学生为什么会出现这样的情况呢?这与个人的心理成熟和心理发展水平是密切相关的。究其主要原因,后者是出现了注意心理问题,注意品质不良,甚至出现了注意力心理障碍。注意是心理活动对一定对象的指向和集中,是人认识事物必不可少的心理条件。若离开它,头脑中不可能留下知识和经验的印痕,就会视而不见、听而不闻。只有注意感知、记忆和思考,才能清晰、正确、全面地反映事物。所以,有人把注意形象地比喻为心灵的"门户"、智慧的"天窗",知识的阳光只有通过它才能照射进来。有的学生学习成绩差,并不是他智力水平低,而是缺乏良好的注意心理素质。学习时通向心灵的门窗关着,就不可能很好地接受和掌握知识。因此,提出《小学高年级学生课堂注意力的培养研究》这一课题。

二、课题的设计

(一)课题界定

注意力是意识指向和集中于周围事物的能力。注意力不集中的弊端如下:

1. 注意力不集中的孩子完成学习任务花费的时间长。
2. 注意力不集中的孩子很难胜任难度较大的学习内容。
3. 注意力不集中会影响孩子的思维敏捷性、思维速度和书写速度。

由于注意,人们才能集中精力去清晰地感知一定的事物,深入地思考一定的问题。所以,我确定了课题研究的目标和内容。

(二)研究内容与目标

1. 内容

(1)分析小学高年级学生课堂注意力差的分类及成因。

(2)研究加强小学高年级学生课堂注意力的有效策略,建立提高小学生课堂注意力的方式方法。

2. 目标

(1)力求通过该课题的研究,让学生明确学习目的,激发自我提高内驱力,加强意志锻炼,提高抗干扰能力。培养学生的自律能力,养成良好的注意习惯。培养学习兴趣,提高注意力。

(2)力求通过该课题的研究,教师明确在教学中如何根据小学生的心理特点适当调整教育手段,精心设计课堂教学,激发学生学习兴趣,关注学生情感,创设和谐愉悦的学习氛围,促进小学生养成良好的自我注意能力。

(三)研究方法

以"调查——研究——实践——总结"为研究模式,主要采用以下研究方法:

1. 调查研究法

课题研究前,先采用全面学生问卷、家长问卷的方法,搜集研究对象有关的现状,弄清事实,进行分析、概括,发现问题,探索规律。

2. 个案研究法

通过学生的典型案例,开展以学生注意力转化和注意力加强的两方面为主的案例研究。

3. 行动研究法

实验教师按课题研究的要求综合运用多种方法,以提高小学高年级学生课堂注意力。

4. 经验总结法

对小学高年级学生注意力研究过程的相关资料、数据进行归纳与分析,使之系统化、理论化,及时总结经验,并形成书面材料。

三、研究过程

(一)根据问卷调查调整课题研究方向

为充分地了解学生的实际情况,我根据小学四年级学生的注意力特点,分别在课题研究初期、中期、末期设计了"家长对孩子注意力的自测观察表"

"高年级小学生注意力的测试""学生注意力测评"调查。根据这三次答卷的情况进行了详细的分析研究。我们课题组成员根据调查分析报告上出现的问题,及时调整下一个研究阶段注意力侧重训练。经过不断地调整研究方向,一年后,实验班学生的问卷调查数据显示,实验班学生的集中注意力的能力有了明显的提高。

这是首次对学生问卷调查整理所发现的问题。在调查问卷中,我们发现了学生注意力不集中的原因(如下表)。

附表一:

原因归类	学生不爱倾听的原因
教师因素	老师讲的时间太长,总是"一言堂"。
	老师对部分同学关注不够。
	上课形势单调。
	老师占课,即使有趣,也不想听。
	对教学内容拓展的少。
	因为照顾小部分同学,而把内容多次重复。
	老师太严厉,有压力;老师太温柔,课堂纪律乱。
	下课铃声响,有的老师拖堂。
	连着上语文、数学和英语,中间没有活动课,学生疲劳。
	上课内容趣味性、生动性不够。
学生因素	辅导班的老师已经讲过,都会了,所以不想听。
	对上课内容不感兴趣。
	同学讲得太啰嗦,说得不好。
	学习内容太难,听不懂。
	控制不住自己,总想着玩点什么才过瘾。

从问卷调查中显示,在学生注意力不集中的影响因素中,教师因素占了10个,学生自身因素占了5个。由此看来,课堂上影响孩子的注意力主要在老师。于是,在课题研究过程中,我们课题组成员讨论决定,在实验教师所任教的学科进行课堂改进,提出了具体改进措施目标(如下表)。

附表二：

原因归类	学生不爱倾听的原因	改进措施
教师因素	老师讲的时间太长,总是"一言堂"。	要创造机会,让学生有尽可能多地表现自己,加强师生互动、生生互动,教师注意点拨和总结。
	老师对部分同学关注不够。	教师关注面要广,尽量给每个学生机会。
	上课形势单调。	1. 教学内容的呈现方式要多样化,灵活多变。 2. 控制节奏,注意动静搭配,有张有弛,劳逸结合,调整学生听讲情绪。
	老师占课,即使有趣,也不想听。	坚决不占课。按课程表上课,如果要调课,要给学生说明原由。
	对教学内容拓展的少。	备课要充分,多查资料,与实际结合。
	因为照顾小部分同学,而把内容多次重复。	课后加强学困生辅导。
	老师太严厉,有压力;老师太温柔,课堂纪律乱。	教师要严中有爱、柔中有刚、注意组织课堂纪律。
	下课铃声响,有的老师拖堂。	坚决按铃声上下课。
	连着上语文、数学和英语,中间没有活动课,学生疲劳。	调整课程表,在主科间穿插活动课,以减轻学生的疲劳感。
	上课内容趣味性、生动性不够。	调整上课内容,在备课中,适当加上短时竞争环节。
学生因素原因归类	辅导班的老师已经讲过,都会了,所以不想听。	1. 使用有趣的教学语言。教师在提醒学生注意听时,总是说:"我们的小耳朵准备好了吗?"让学生觉得亲切、有趣。 2. 创设多种情境,使数学内容生活化、趣味化、实用化。
	对上课内容不感兴趣。	分层指导,个别谈话,教育为主。
	同学讲得太啰嗦,说得不好。	教师适当加以引导学生。
	学习内容太难,听不懂。	教师要加强备课,由浅入深,个别辅导。
	控制不住自己,总想着玩点什么才过瘾。	1. 通过个别言谈培养学生的自控能力。 2. 告诉学生注意力是可以培养的。

(二)有针对性的观课议课

以上课堂改进措施只是刚性的要求,具体实施起来需要因地制宜。在我们实验课题组成员任教的学科上,我们定期组织课题组成员进行观课议课活动。听了一段时间的课后,我发现听课活动成了过场,我开始思索,怎样更全面地发现问题?所以在观课环节上,又具体地给课题组成员分工:吕艳玲主要从观察教师教学机智与教态方面听评课,曾洁主要从观察教师行为方面进行听评课;张伟主要从课堂时间分配方面进行听评课;李华主要从学生学习行为方面来听评课。每节课后,课题小组交流观课过程中发现的问题,看看实验教师是不是按照改进措施中的目标调整自己的教学路子。在议课之后,每一位上课的实验教师写出课堂反思与整改报告。在这样的听评课活动中,实验教师按照总结出来的改进措施不断改进教法与课堂思路。与此同时,我还定期指导实验组成员老师对学生课堂行为进行观察统计,对学生课堂注意力情况进行观察记录分析。通过一次次的观察数据进行分析,课题组成员的课堂教学路子是否能抓住全班学生的注意力。

(三)观察学生,给学生进行分类,有针对性地对学生进行访谈

首先我观察分析四年级二班学生的听课状况,根据学生的自身特点分类。一类是注意力较差。如李某、高某、王某、刘某等。还有一类是家庭很重视学生的教育,可是学生的自控力很差。比如说,小玮、阳阳、文文、小雨、小磊、杨某、郭某、璐璐、小峰等。对这样的学生,我着重采用了个别心理咨询访谈、家长访谈咨询、跟踪辅导记录的方法。经过一段时间的访谈与跟踪,这类学生的注意力有了明显的改观。

例如:

李某在课堂上即使坐姿端正,看似在听讲,其实,他的大脑一点儿没思考。如果做小动作,他会不时斜眼窥探老师。背诗时常常窜行,并且背诵得相当慢,如果不督促,即使是一节课,一首五言诗也很难背诵下来。与人交流的方式常常令同学接受不了,不是打人,就是骂人。无论同桌是男同学还是女同学,都经常发生矛盾。他和老师说话也不会看着老师。如果他与同学发生冲突想告诉老师,他会边向老师面前走边说,没有走到老师面前,他说完就回去了,也不管老师解决不解决问题。与别的学生发生争执,老师处

理时他总会说"不是我先骂的"或者说"不是我先打的",老师处理到最后发现,大多是他先动手或是先骂人的。老师留的任务不能主动完成。

高某是一个聪明伶俐、听话懂事、活泼好动、爱动脑筋的孩子。他学习自觉性强,能按时认真地完成作业,上课发言积极,听讲认真;但是,他注意力不是很集中,或者说注意力集中的时间有点短暂,而且容易被其他事物所吸引,导致有时回答问题答非所问,粗心马虎几乎是所有小学生的最大缺点,他也不例外。

王某,动作特别慢,写字时不停地捣鼓手中的笔,听课时,常常是人在教室,心却游走到教室外了。平时有意让他做事,他总会以没有听明白来要求老师重新说一遍,并且总强调自己是对的。他由奶奶一手带大。在课堂上我行我素,对老师的批评,不是歇斯底里地哭,就是推桌子,甚至严重到把课桌掀翻。

刘某,不能跟上老师的讲课思路,作业总是丢三落四,课堂交流时发愣,再问就是一言不发。不能主动完成学习任务。经常不完成作业,做任何题都选择偷工减料。他由爷爷奶奶一手带大。

剩下的学生还可以分为两类。一是无论哪个老师讲课,老师什么时候讲课,都不会有注意力分散的情况发生;二是只要在老师的视线控制之下,就会跟住老师听课。在以上分类的基础上,对学生进行整体集中训练。语文课堂上,老师领着学生进行复述课文、1分钟读词、5分钟读书、10分钟抄课文等比赛。数学课堂上,口算、5分钟速算训练;科学课上看看谁发现的现象多;英语课堂集中注意力猜单词。即使是课间跟着旋律做广播操,我们也对学生进行注意力训练。

(四)开设心理健康课,利用活动游戏进行注意力训练

"这样学习效率高""谁的速度快""约翰的胡子""小猫钓鱼""老师头顶上的蜜蜂"等心理健康课的开设,让学生在快乐中学会了集中注意力的方法。学生在心理健康课后的感言中有了深刻的体会。露露说,这节课的学习,我知道了必须要让眼耳口手脑齐心协力才能做到注意力高度集中,还要每天晚上或早晨练习一下,才能真正提高注意力。如,左右手画图,快记数字。学生文文说,从这节课上,我认识到了集中注意力的重要性,要上好课,

必须集中注意力。

在我任教的心理健康课堂上有针对性地对学生进行注意力的训练:运用积极目标的力量(就是教学生设定一个要自觉提高自己注意力和专心能力的目标,自觉并坚持完成目标)指导学生学会排除干扰,对学生进行感官的训练。比如:"我是坚强的小树""玩扑克""开火车""顶乒乓球""给数字画线""指读数字""复述数字""智力训练""堆火柴棍""钟表训练""舒尔特方格法""拼图""用7分钟写完1—300数字""捡豆子""走迷宫""认真做课间操""拍球""反口令"等。每次活动之后,我都会让学生写下活动感言:万某在活动"我是坚强的小树"后,说:"在我坚持不住的时候,我对自己说,万靖文,加油,不要放弃,坚持就是胜利。"张某说:"我终于战胜了自己,克服了困难。经常做这样的运动可真好呀!"姜某说:"开始做吧,我想做这些活动有什么用啊,我连续做了两次都输了,我心中有无数的后悔,不过,以后这样的活动我会坚持下来!"

四、研究成果

自2012年9月至今,我们的课题研究已历经了一年多的风风雨雨。在我们课题组成员的共同努力下,该课题研究已接近尾声。实践、学习、探索、总结,成了课题组每个人的必修课。我们逐步摸索出在学科课堂上,教师适当加入短时学习竞争游戏环节,适时变换课堂节奏,开设有效的心理健康课,学生的注意力会明显提高。在这一年里,我才真正体验到,专注持久地做一个课题,在探究中"柳暗花明又一村"是多么令人开怀!从学生的课堂表现及家长们的信息反馈可以看出,我们的课题研究是成功的。具体研究成果如下:

(一)教师的专业成长

该课题的研究对课题组成员来说是极富挑战力的。因为在我们这些人中,除了我本人是走在心理健康学科的边缘,其他四人对这个学科是陌生的。通过该课题研究进一步促进了教师在教育教学观念上的转变,把培养学生的注意力作为课堂教学的重要内容来抓。培养学生的注意力,教师的课堂教学水平也起着举足轻重的作用,因此教师在自身的课堂教学艺术、课

堂教学模式上也有了很大的改变。各教师的具体情况如下:

1. 李金芝参加了省心理健康教材的编写工作。
2. 李金芝执教的《这样学习效率高》获山东省心理健康优质课。
3. 每位课题组成员在研究过程中,都对调查问卷的整理与思考,对学生注意力水平的调查分析报告写了很多篇注意力与学科教学有关的论文。

(二)学生的健康成长

小学高年级学生课堂注意力的培养,学生养成了良好的学习习惯。细节决定命运,习惯决定成败,习惯成就大未来。该课题的研究使每个学生的真实自我得以呈现,高度集中的注意力能增强学生的自信心、提高分析问题、解决问题的能力。

为了验证课题研究是否有效,在2013年07月对全班学生进行了一次问卷调查。课题组将实验过程以来三次对学生注意力调查结果比较。

附表三:

学生注意力调查分析数据综合表

调查时间	注意力能集中		注意力偶尔不集中		注意力不能集中	
	人数	百分比(%)	人数	百分比(%)	人数	百分比(%)
2012.09	21	36.84	27	47.37	9	15.79
2013.01	26	45.61	26	45.61	5	8.77
2013.07	38	67.01	19	32.34	1	0.65

一年后,实验班课题组教师的任教学科学生期末成绩测试与非实验班成绩进行比对,有了明显的提高。

附表四：

实验班(4.2)与非实验班(4.1)成绩对比表

时间	班级	语文	数学	英语	科学
2013.01	非实验班	85.90	88.53	88.69	48.72
	实验班	86.58	88.95	87.82	46.35
2013.07	非实验班	90.9	84.81	85.86	51.10
	实验班	91	89.25	87.81	51.67

五、讨论与思考

（一）不足之处

1. 实验教师的自身素质有待进一步提高。在课题研究过程中，我们发现高年级学生课堂注意力的提高与教师自身驾驭课堂的能力有很大的关系，而这种能力不是一朝一夕所能提高的。学生课堂表现多种多样，有时可能超出我们制定的课堂观察表的预设，这种观察法是否合适，有待求证。

2. 学生注意力习惯的养成非一朝一夕之功，影响注意力的因素是多方面的，部分学生的注意力习惯时好时坏，常有反复；观察学生注意力是否集中，我们以学生一节课的时间来评价。两次期末测验成绩实验班和非实验班的成绩差距不是很大，学生注意力调查分析数据综合表中的数据没有与非实验班进行比对。在这样的情况下，我们的实验结果是否真实可靠？

3. 如果我们再把实验班与非实验班在课题研究前一年的成绩，加在附表四中进行比对，效果可能会更明显。但是，因目前学校对学生成绩的评定，只允许用等级恒量，不允许用成绩恒量，所以这种方法没有实施。再者，单从学生成绩上看课题研究效果，一年的研究时间是不是短了些？学生课堂注意力的提高对学生成绩影响是长期的，我们课题组从学生分数上来判定课题研究效果是不是有些鼠目寸光？

（二）进一步设想

针对以上不足，今后我们要努力做到以下几点：

1. 教师要加强自身的理论学习。教师与教师之间，教师与学生之间做好沟通互动,利用自学、网络等多种学习方式进行充电,以适应新课改下对教师提出高标准的要求。如果在实验过程中,适当加入校内心理健康知识方面的培训与普及,课题研究的效果会更好。

2. 对高年级学生课堂注意力的培养研究虽告一段落,在课题研究的尾声中,我们突然发现:如果在实验研究过程中,同时对非实验班四年级一班、五年级学生的注意力情况做同步观察分析,我们的研究效果会更明了。

结束意味着新的开始,在对学生进行的课题研究过程初期、中期、末期的三次问卷调查中,我们还发现了一些新的问题,比如说教师的教学语言过于激进;学生的学习习惯养成不良;家庭生活、学习氛围对学生学习情绪的影响等等,这些都对学生的学习注意力有一定的影响。这些问题的发现,激发了我们继续深化课题研究的想法。

在该课题研究的基础上,我们将带着新问题做进一步的研究。继续对高年级的学生做注意力的调查研究,为我校的教学研究再添辉煌。

课题编号:LYXKT12096

课题主持人:李金芝

课题组成员:吕艳玲　曾洁　李华　张伟

报告执笔人:李金芝

第二章 02
小学高年级学生课堂注意力的培养实践探索

第一节　问卷测试　调研反思

小学生注意力测试问卷

一、在课题组确立研究内容前对四年级学生家长所做的问卷调查

尊敬的学生家长：

您好，非常感谢您对西小心理健康教育工作的理解与支持。为了进一步了解您孩子注意力方面的情况，请根据孩子的实际情况如实填写下面这个问卷。为了提高学生的综合素质，我们将在全面了解学生的基本情况后，为学生进行有针对性的心理健康辅导活动，请家长们全力配合。

[指导语]：您好，请您根据孩子的实际情况在每一个项目右边按程度的不同打钩(√)。请认真填写全部项目。

1. 某种小动作(如咬指甲、吸手指、拉头发、拉衣服上的线头)
　　□无　□稍有　□相当多　□很多
2. 大人说话，孩子经常插话　　□无　□稍有　□相当多　□很多
3. 在交朋友或保持友谊上存在问题
　　□无　□稍有　□相当多　□很多
4. 易兴奋，易冲动　　□无　□稍有　□相当多　□很多
5. 爱指手画脚　　□无　□稍有　□相当多　□很多
6. 家长最关注孩子的　　□身体　□学习　□行为习惯
7. 家长在听孩子讲话时，是否打断他　　□经常　□偶尔　□从不
8. 学习困难　　□无　□稍有　□相当多　□很多
9. 学习时常常扭动不安　　□无　□稍有　□相当多　□很多
10. 惧怕(陌生人、陌生地方、上学)　　□无　□稍有　□相当多　□很多
11. 坐立不定，经常"忙碌"　　□无　□稍有　□相当多　□很多

12. 孩子学习有困难与什么有关　　　□老师讲课 □听讲 □课后辅导
13. 撒谎或捏造情节　　　　　　　　□无 □稍有 □相当多 □很多
14. 怕羞　　　　　　　　　　　　　□无 □稍有 □相当多 □很多
15. 造成的麻烦比同龄孩子多　　　　□无 □稍有 □相当多 □很多
16. 不服从或勉强服从　　　　　　　□无 □稍有 □相当多 □很多
17. 做事有始无终　　　　　　　　　□无 □稍有 □相当多 □很多
18. 容易分心或注意力不集中成为一个问题
　　　　　　　　　　　　　　　　　□无 □稍有 □相当多 □很多
19. 不喜欢或不遵从纪律或约束　　　□无 □稍有 □相当多 □很多
20. 有饮食问题(食欲不佳、进食中途跑开）
　　　　　　　　　　　　　　　　　□无 □稍有 □相当多 □很多

二、课题组研究半年总结对学生自我做的问卷调查

序号	测 试 内 容	完全做到 2分	偶尔做不到 1分	完全做不到 0分
1	可以坚持坐在凳子上40分钟不离席,听完老师的授课。			
2	能迅速做完一道简单的习题。			
3	能持续阅读故事书。			
4	参加跳绳、踢毽子或跳皮筋等游戏,能专心致志玩到最后。			

续表

5	放学的时候,不在外逗留,能在短时间内直接回家。			
6	不但能够完成老师指定的实践性作业,还能具体表达自己的思考和想法。			
7	和朋友们玩石子或者其他游戏时,能遵守游戏规则,玩到最后。			
8	在学校打扫教室或操场时,或在家里帮忙做家务,如打扫卫生时,不分心玩耍,能努力做完。			
9	情绪安定不紧张。			
10	身体没有经常不舒服。			

请老师合计以上所有得分:＿＿＿分。

A. 具有注意力。(15—20分)

B. 注意力可得到进一步提高。(10—15分)

C. 应着手并培养和训练孩子的注意力。(0—10分)

三、课题组研究一年,对学生做的注意力测评

(一)对下列自测题,请选择符合自己情况的序号填写在括号里。

1. 可以坚持坐在凳子上40分钟不离席,听完老师的授课?(　　)

　　A 完全做到　　　B 偶尔做不到　　　C 完全做不到

2. 能迅速做完一道简单的习题?(　　)

　　A 完全做到　　　B 偶尔做不到　　　C 完全做不到

3. 能持续阅读儿童文学?(　　)

　　A 完全做到　　　B 偶尔做不到　　　C 完全做不到

4. 参加跳绳、踢毽子或者跳皮筋等游戏,能专心致志玩到最后?(　　)

　　A 完全做到　　　B 偶尔做不到　　　C 完全做不到

5. 放学的时候,不在外面逗留,能在短时间内按时回家?(　　)

　　A 完全做到　　　B 偶尔做不到　　　C 完全做不到

6. 不但能够完成老师指定的实践性作业,还能具体表达自己的思考和想法?(　　)

　　A 完全做到　　　B 偶尔做不到　　　C 完全做不到

7. 和朋友玩卡片或者其他游戏时,能遵守游戏规则,玩到最后。(　　)

　　A 完全做到　　　B 偶尔做不到　　　C 完全做不到

8. 在学校打扫教室或操场时,或在家帮做家务,如打扫卫生时,不分心玩耍,能努力做完。(　　)

　　A 完全做到　　　B 偶尔做不到　　　C 完全做不到

9. 情绪安定不紧张。(　　)

　　A 完全做到　　　B 偶尔做不到　　　C 完全做不到

10. 身体没有经常不舒服。(　　)

　　A 完全做到　　　B 偶尔做不到　　　C 完全做不到

对调查问卷的整理与思考

本次问卷针对四年级的 116 名学生展开调查,并整理所发现的问题。

种类	人数	百分比
注意力重要	108	93.1%
能集中注意力	21	18.1%
影响注意力的原因		
都会了所以不想听	29	25%
对上课内容不感兴趣	62	53.4%
就是不喜欢上课	4	3.4%
老师讲的时间太长	15	12.9%
有的同学回答问题声音小、讲得太啰嗦	31	26.7%
上课内容趣味性、生动性不够	26	22.4%

在本次调查中,大部分同学都认为注意力非常重要,但常受各种因素的影响使自己的注意力分散。排在前四位的影响因素依次是:"对上课内容不感兴趣""有的同学回答问题声音小""都会了不想听""上课不生动、没趣味"。

在对家长和学生的问卷调查中,为研究影响注意力的原因,我们共选取了 92 名四年级学生参与问卷调查。

根据调查结果我们发现,学生注意力不集中的原因如下:

原因归类	学生不爱倾听的原因
教师因素	老师讲课时间太长。
	老师对部分同学关注不够。
	上课形式单调。
	老师占课,即使有趣,也不想听。
	对教学内容拓展得少。
	因为照顾小部分同学,多次重复内容。
	老师太严厉,有压力;老师太温柔,课堂纪律乱。
	下课铃声响,有的老师拖堂。
	连着上语文、数学和英语,中间没有活动课,学生疲劳。
	上课内容趣味性、生动性不够。
学生因素	辅导班的老师已经讲过,都会了,所以不想听。
	对上课内容不感兴趣。
	老师讲得太啰嗦,说得不好。
	学习内容太难,听不懂。
	控制不住自己,总想着玩点什么才过瘾。

在家长问卷调查中,以四(1)班为例。调查人数:57人

家长最关注孩子的	人数	百分比	家长在听孩子讲话时是否打断他	人数	百分比
身体	19	32.61%	经常	29	50%
学习	17	30.43%	偶尔	22	39.13%
行为习惯	21	36.96%	从不	6	10.87%

孩子听别人讲话时是否打断别人	人数	百分比	家长的行为习惯是否影响孩子	人数	百分比
经常	17	30.43%	肯定	35	60.87%

续表

| 偶尔 | 25 | 54.35% | 不一定 | 14 | 23.91% |
| 从不 | 31 | 15.22% | 不 | 7 | 15.22% |

由此可以看出,大部分家长已经从一味重视孩子分数的想法中跳出来,近半数家长很重视培养孩子的行为习惯,并且会以自身的行为习惯影响孩子的行为习惯。有15.22%的家长没有意识到对孩子的注意力习惯的培养。不少家长反映,对孩子注意力意识的培养缺乏好的方式方法。

在对家长的问卷调查中,我们发现了家长对孩子注意力意识的培养缺乏方法的问题。基于家长们的迫切需要,结合某些专家提供的比较好的建议,我们从中选取了适合家长学习的方法,提供给家长的建议措施如下:

家长在培养孩子注意力习惯方面的建议:

1. 孩子说话不要打断。

2. 多给学生一些鼓励。

3. 孩子在倾听时要看着对方的眼睛,做出反应。

4. 尽量给孩子一个独立的学习环境,学习环境力求固定。

5. 保证孩子充足的睡眠,制定固定的熄灯和起床时间。

6. 让孩子独立完成作业,并坚持自己检查作业。

7. 正确看待分数,学会正面的自我暗示。

8. 不干扰孩子做喜欢的事。

9. 不经常强迫孩子做不喜欢的事情。

10. 给孩子足够玩的时间。

从问卷调查中显示,课堂上学生注意力不集中的因素中,教师因素占了10个,学生自身因素占了5个。由此看来,课堂上影响孩子注意力的因素主要在于老师。于是在研究过程中,我们课题组成员讨论决定,在实验教师所任教的学科进行课堂改进,具体改进措施(如下表)。

附表一：

原因归类	学生不爱倾听的原因	改进措施
教师因素	老师讲得时间太长，总是一言堂。	要创造机会，让学生尽可能多地表现自己，加强师生互动、生生互动，教师注意点拨和总结。
	老师对部分同学关注不够。	教师关注面要广，尽量给每个学生机会。
	上课形式单调。	1. 教学内容的呈现方式要多样化、灵活多变。 2. 控制节奏，注意动静搭配，张弛有度，劳逸结合，调整学生听讲情绪。
	老师占课，即使有趣，也不想听。	坚决按课程表上课，如果要调课，要给学生说明原由，并征求学生意见。
	对教学内容拓展的少。	备课要充分，多查资料，与实际结合。
	因为照顾小部分同学，而把内容多次重复。	课后加强学困生辅导，尽量减少重复次数。
	老师太严厉，有压力；老师太温柔，课堂纪律乱。	教师要严中有爱，注意调控情绪。教师要柔中有刚，注间组织纪律。
	下课铃声响，有的老师拖堂。	注重课堂效率与时间运用，坚决按铃声上下课。
	连着上语文、数学和英语，中间没有活动课，学生疲劳。	调整课程表，在主科间穿插活动课，减轻学生疲劳感。
	上课内容趣味性、生动性不够。	调整上课内容，在备课中，适当加上短时竞争环节，增加趣味性、生动性。
学生因素	辅导班的老师已经讲过，都会了，所以不想听。	1. 使用有趣的教学语言。教师在提醒学生注意听时，总是说："我们的小耳朵准备好了吗？"让学生觉得亲切、有趣。 2. 创设多种情境，使数学内容生活化、趣味化、实用化。
	对上课内容不感兴趣。	分层指导，个别谈话，教育为主。
	同学讲得太啰嗦，说得不好。	教师对学生讲话要适当加以引导。
	学习内容太难，听不懂。	教师要加强备课，由浅入深。个别辅导。
	控制不住自己，总想着玩点什么才过瘾。	1. 通过个别访谈培养学生的自控能力。 2. 告诉学生注意力是可以培养的。

根据调查问卷发现的问题,我们课题组的成员在实验班四年级一班,重点开展了听课观察分析,上课的老师把每位听课老师的观察分析表汇总,写出反思。比如曾洁老师,在教学内容《用口诀求商》一课后,根据听课老师的建议,写出了一份反思(如下表)。

落实改进措施案例反思表

教学内容:口诀求商　　填表日期:2013.4

原教学措施	改进后教学措施	教学效果及反思
学生对于口诀求商有一定的了解,在此基础上让学生通过比一比、算一算、说一说的方法,验证口诀求商的特征。因为起初没有考虑到学生的能力,放的太开,有的学生不知如何去做。交流时想到哪说到哪,其他的孩子不知所云,也就不去听了。	在学生动手操作的过程中给予必要的引导。比如教师可以说:"大家可以通过想一想口诀求商的规律,有没有新发现?"这样学生在算的过程中就能有的放矢。学生在表述本组想法时还可以让其他组员进行适当补充,这样较利于培养孩子的注意力。	学生在后来的交流中,条理性明显增强了,对于自己采用的方法是为了验证口诀求商的特征也有了较清楚的认识。有的孩子说得非常好,分别采用了不同的验证方法,有的方法很独特。
巩固应用这个环节,设计了一系列的游戏,采用小组合作形式。虽然学生乐于动手,但自控性却很差,不愿意去看别人的方法,只顾自己,甚至教师在进行下一个环节时,有的还在玩。	采用计时制让各小组在规定的时间内看哪一组算的最快并且方法最多,哪一组就胜利并给予奖励。学生的积极性立马调动起来,都能按照教师的要求在规定的时间内完成,最后我评出了速度最快、方法最多等多个优秀小组。在评题的过程中也是展示的过程,大部分孩子能耐心地听,集中注意力。	有竞争才有动力,有了一定的限制再加上孩子争强好胜的心理,课堂效果明显比开始只拼图要好得多。每一小组在发言的过程中,组内其他成员都很配合,都希望本小组在比赛中获胜。因为最后的评定都是由学生自己做主。教师只起一个组织的作用,所以孩子们更愿意去听别人的方法。

(填表人:曾洁)

第二节　操作实例　评价机制

小学生心理咨询记录表

小学生心理健康辅导记录一

辅导对象	张某	班级	4.1	性别	女	年龄	10	辅导日期	9月2日
基本情况	该生平时上课总是有一些玩手指、玩笔之类一些小动作,与人交谈时声音很小,不主动找同学玩。上课回答问题时,总是低头站着,不说会也不说不会。无论老师怎样启发,都是一言不发。另外,在写生字时,她很容易将生字偏旁写颠倒,或者多笔画少笔画。听写时,如果是句子或者连续的几个词语,几乎一个字不会写。通过与家长多次沟通后了解到:该生在家不怎么捣乱,写作业时注意力不集中,最爱看电视。									
问题表现	通过反复观察,发现该生智力发展水平一般,由于注意力不集中和听觉记忆方面发展不协调,造成学习困难,成绩低下。 　该生学习不主动,不是家长认为的不懂事、懒惰。因为该生与老师交往时,很有礼貌;与同学能和睦相处,从不发生矛盾;做卫生时态度积极,就是一接触学习,就略显吃力。									
原因分析	根据以上分析,我认为该生对学习不感兴趣,不会学习。学习注意力差。因为学习跟不上,也影响了该生与他人交往的自信。该生需要家长和老师密切配合,不断矫正,通过与家长沟通、商量,达成共识。									
辅导对策及过程	第一阶段	我首先找到了孩子的家长,与孩子的母亲制定合理的作息制度。告诉孩子的母亲不能让她长时间地看电视,因为看电视时孩子处于似听非听、似看非看的状态,容易造成孩子上课也处于这种状态,建议家长培养孩子看书的习惯。								

续表

辅导对策及过程	第二阶段	我找到家长和老师,一起商量如何训练孩子背书。因为背书可以训练儿童听觉记忆的能力,并能丰富她的词汇。在训练过程中,我采取了循序渐进的办法:先背一些简单易懂的儿歌,再背古诗,然后背课文。在背的过程中,如果背不上来,也不强制,我就与她一起读书。这样坚持了三个多月,该生进步很大,现在已经能与家长同背较长的课文。
	第三阶段	对孩子给予更多的关心、理解与激励,调动孩子的学习兴趣。有时,我上课遇到她东张西望时,我会悄悄走过去,用双手扶着她,并用眼睛看着她,她马上坐端正。过一段时间,与她交流一次,指出她做得好的地方,与老师拉钩,共同努力。
辅导追踪		一段时间的辅导后,张某的交往自信心明显提高了,家庭作业能按时完成了,上课时也能积极举手发言了,在校内,能和老师进行交流,下课有时还会主动问老师问题。家长反映张某能主动和父母谈学习上的事。
反思		在辅导过程中要向学生倾注更多的爱,努力构建起师生之间信任的关系。其次,加强教师与家长的联系,共同督促。构建良好的学习氛围,这样的教育和辅导就会事半功倍。

小学生心理健康辅导记录表二

辅导对象	赵某	班级	4.1	性别	男	年龄	10	辅导日期	9月21日
基本情况									

基本情况		赵某的父母在城里打工,早出晚归,每次回家,孩子都要睡觉了,基本上没有谈心的时间。赵某跟着奶奶吃晚饭,中午在小饭桌吃饭,作业在小饭桌写完。
问题表现		赵某上课无法专心听讲,经常坐在座位上扭来扭去,小动作多,没什么可玩的时候,就玩自己的手指头、笔。教室外的一点点动静,就能引起他的注意,老师布置的作业总是拖很久,在老师无数次的催促下才能完成。
原因分析		对于赵某来说,可能主要是由于动作协调能差一些而导致注意力无法集中。另外,这孩子睡眠不足,大脑得不到充分休息,对与学习无关的事情关注过多,出现注意力涣散的情况。
辅导对策及过程	第一阶段	根据孩子的表现,我首先找来孩子的母亲,把赵某在学校的表现告诉她。根据赵某目前的情况,需要家长配合和支持学校对孩子的辅导。赵某的妈妈表示赞同。首先要加强孩子的动作协调能力。我给出了打羽毛球、打乒乓球的建议。根据赵某的表现,我跟他的老师建议,课堂上给予他较简单的问题回答,短时竞争活动环节,让他有学习的成就感。
	第二阶段	我跟赵某谈心,把他最近学习上变化的点点滴滴告诉他,告诉他,学习其实并不是一件很难的事情,只要坚持做,就会有变化。我跟他约定,每天的课间操到我的办公室跟我谈谈前一天晚上的作业情况。
	第三阶段	对赵某还应用报酬效果强化他集中注意力。首先,给他定个奖赏,坚持三天都认真完成家庭作业,就得一朵小红花。回答3次老师的问题,得一朵小红花。积够5朵,我给他的妈妈打一个表扬电话。
辅导追踪		进行了一段时间的辅导后,赵某交往的自信心明显提高了,家庭作业能按时完成了,上课时也能积极举手发言了,在校内,能和老师进行交流,下课有时还会主动问老师问题。因为有了良好的交际关系,学习成绩也有所提高。家长反映他懂事了,能主动和父母谈学习上的事。
反思		学生的不良习惯或学习的缺陷,都是日积月累逐渐形成的,有一些主客观的原因。而教师在工作中要化被动为主动,在平时的工作中要及时发现,及时辅导,以促进其尽快转变。

小学生心理健康辅导记录表三

辅导对象	宋某	班级	4.1	性别	男	年龄	10	辅导日期	4月8日
基本情况									
问题表现									
原因分析									

基本情况		宋某，男，今年10岁，四年级学生。个性特点：活泼好动、性格外向、乐于为集体做好事，积极主动热情。家住农村，父母没有固定工作，外出打工，孩子寄养在姨妈家。
问题表现		该生学习兴趣不大、平时上课时注意力不够集中，总是低着头玩，老师讲课从来不能专注听讲，每次提醒只能看几分钟黑板，头又低下去了。不愿意写作业、作业马虎、好动贪玩、有较多不良的行为习惯。喜欢老师表扬，有时很积极。但又经常犯错误被老师批评，认错态度较好，但过后又会重犯，特别是喜欢和同学打闹。学习成绩一般。
原因分析		宋某的父母常年外出打工，对孩子疏于管教，该生寄养在孩子的姨妈家。姨妈对宋某的管教也仅仅局限于吃饱、睡好、身体健康。对孩子学习也仅仅是口头上的督促。孩子的学习缺少家庭系统的支持。
辅导对策及过程	第一阶段	针对这位学生的行为，我在辅导过程中，采取了家庭密切配合的办法。对其进行教育，多一些理解沟通的谈话。以平等的姿态，跟他谈谈心，知道他的心里正在想些什么。一开始他还不愿意说，在我的鼓励和劝导下，他还是告诉了我他家庭和他本人的一些情况。根据孩子的谈话内容，我有条理地跟其父母沟通，以达成对孩子有效的帮助办法。
	第二阶段	要想保证孩子在校能精力充沛地从事各项活动，必须让他得到充分的休息和睡眠。我向家长特别强调：不能让他长时间地看电视，因为看电视时，孩子处于似听非听、似看非看的状态，容易造成孩子上课也处于这种状态。建议家长培养孩子看书的习惯。鼓励家长运用一些方法，培养他独立完成作业的能力。认真记录家庭作业的内容，适当辅导，规定时间按时完成，对完成的作业及时反馈等。并采取一些强化手段，对学习的正确行为进行表扬，以增加适应行为，减少问题行为。
	第三阶段	教育不是改造人，而是唤醒人，唤醒人心中沉睡的巨人。对宋某，我跟他沟通，耐心地告诉他：每个人都可能犯错，关键是要勇于承认错误，改正错误，只有这样才能得到家长、老师、同学的理解。我用信任的眼光看待他，用真诚的言语激励他，及时了解他的想法，引导他把注意力转移到学习上。
辅导追踪		改善家庭教育环境：指导家长阅读一些教育孩子的书籍，提高自身教育水平。创造良好、民主的家庭环境，和孩子交朋友，多鼓励、表扬，少批评、责骂，合理对待孩子的需求，不挫伤他的自尊心，尊重他，信任他。抽时间带孩子到大自然去呼吸新鲜空气，设计各种温馨的家庭活动。

续表

反思	经过一个学期的辅导教育,宋某学习认真了,上课还主动举手回答问题,作业也能按时交了,学习成绩有所提高。 因此,作为"塑造灵魂"的工程师,应该给予像宋某这样的学生更多一点的鼓励,用"关爱"去点燃他们心中的"自信",是至关重要的。只要我们更多地在日常教学中去发现他们身上的闪光点,并给予充分的肯定,让他们从中也能体验到成功的喜悦,这样就会使他们感到"我也行,我也能做好",自信也就由此而生,也就会激起他们对成功的渴望。

小学生心理健康辅导记录表四

辅导对象	郭某	班级	4.1	性别	男	年龄	11	辅导日期	10月15
基本情况	郭某,男,小学四年级的学生,头脑聪明,语言表达能力很好。但自制力较差,上课注意力不集中,不是乱说话就是做小动作,无法专心听讲,经常干扰上课秩序。								
问题表现	经常在座位上扭来扭去,小动作多。在一些不该动的场合乱跑乱爬。学习、做事不注意细节、粗心大意。经常不能完全按要求做事。经常容易因无关因素而分心。写一个字要花别人两三倍的时间。课上被老师点名批评如同家常便饭。								
原因分析	父母工作忙,没时间管孩子,所以未能及时发现孩子身上存在的问题。郭某的父母认为,孩子小学的时候不用管,长大了自然而然就好了。而当他们发现孩子身上存在的问题时,问题已经很严重了。这时他们对孩子的期望值又容易过高,希望通过一两次的教育就让孩子改掉不良习惯,这显然是不现实的。								
辅导对策及过程	第一阶段	我根据郭某的表现,找到他的班主任老师,要求给他调整座位。由于孩子注意力容易分散,任何视觉或听觉的信号都会转移他的注意力。所以我选择了上课比较遵守纪律的同学坐在他的旁边和前后,并且让他坐在教室的前边。这样我可以经常注意他并针对其不良的行为采取措施,当他分心时可以及时提醒他。							
	第二阶段	我及时与其家长联系,相互配合,共同商讨干预方案。要求家长要全面、客观了解孩子的情况时,保持平常心,为孩子选择适宜的学习目标,不要提过高的要求。另外向其家长提供一些好的教育方法,帮助孩子建立良好的学习习惯,而不是日复一日地陪在孩子身边做作业。帮助其家庭制定明确的规定,且具有一定的规律。这不仅对一般的孩子很重要,对注意力涣散的孩子更加重要,使孩子在家的活动有规律,家长的规定要简明扼要,规定越具体,孩子就越容易约束自己。鼓励家长帮助他建立独立学习、生活的自我管理能力,自我制定学习计划,自己整理书包,学会记笔记,学会提高学习效率。							

续表

辅导对策及过程	第三阶段	通过奖赏、鼓励等方式帮助他养成认真听讲的习惯,当他认真听讲时,立即给予阳性强化,当着全班同学的面表扬他,或给他一朵小红花。由于对他及时进行奖励,让他感到了愉快和满足,每次上课他都会有所期待,尽量克制自己,希望得到我的表扬。偶尔有分心的时候,只要看到我在看他,他马上会有所收敛。
辅导追踪		每两周做一次个别谈话,鼓励他关爱同学、尊重老师、专心读书,协助其养成良好的习惯。从郭某任课老师的反映看,郭某的爸爸采取的教育行动效果不明显。郭某在家时还是老样子。
反思		面对郭某同学的实例,让我更加认识到教师对学生激励的作用。针对类似这样的学生要循循善诱,不可操之过急,我们不能把注意力放在孩子的不良表现上,要更多地关注孩子的优点和特长,使之一步步注意到自己的不足,慢慢地改变,通过多元评价、活动参与,使其意识到自己的进步。从而将自己的注意力转移到学习上来,最终养成认真学习的好习惯。

小学生心理健康辅导记录表五

辅导对象	李某	班级	4.1	性别	男	年龄	10	辅导日期	10月29日
基本情况	李某的父母离异,他的父亲再婚,李某跟着父亲、继母一起生活,父亲是一名货车司机,常年跑运输。继母称管不了他。									
问题表现	李某顽皮、好动,喜欢接老师的话茬,而且总在当面或背地给同学或老师起绰号。他在做作业时总需要有人监督他。如果没人监督,他就不写,理由就是"忘记了"或"我不会做"。每次上课,他总能想出一些与课堂内容无关的事做做。譬如拿卡片出来玩,写纸条传给其他同学等。									
原因分析	李某主要原因是没有树立正确的理想,价值取向发生偏差。不守纪,单纯地从他身上看,有两种情况:不是完全的无理取闹,可能是在认真听课的前提下发生的;起绰号也说明他乐于观察、思考,能较为准确地抓住人的特征,是个聪明的学生。从李某的情况分析,他的所作所为只是爱出风头、卖弄小聪明,迫切想表现自我的一种方式。									

续表

辅导对策及过程	第一阶段	首次跟李某面对面地坐下谈,了解他的全面情况和心理承受能力。我告诉他老师对他的期望是很高的,在老师心目中他占有非常重要的地位。在谈心过程中,我一直肯定他的优点,鼓励他充分发挥自己的聪明才智,同时诚恳地指出他的不足,告诉他给同学、老师起绰号是不尊重他人的表现,必将得不到别人对他的尊重与喜欢。我对他提出了希望,并约定再谈。李某看起来很期待下次的约谈。
	第二阶段	我跟他的父亲通了电话,并约谈了李某的继母,了解其在家表现及家长对他的要求和期望,告知老师的帮教措施,并希望每隔一段时间,就和家长沟通,有的放矢地谈其在校表现,同时告知在家情况。
	第三阶段	针对李某的特点,一是在他的聪明劲上做文章。我与他一起制定了相应的学习计划,明确学习目标,鼓励他赶上去。二是在他爱表现上想办法。我找到他的班主任老师,较多地给他布置工作任务,让他担任小组长,为他提供展示自我的空间,并适时地予以表扬,让他品尝为集体做贡献时,得到老师、同学认可、赞许的快乐。
辅导追踪		我找了几个平时和他接触比较多,关系比较好的几位同学,进一步了解他在学校、在同学中间的情况,并鼓励同学要积极、热情、诚恳地接近他、帮助他。一段时间后,他的学习成绩有所提升。令人欣喜的是他与继母的关系缓和了很多。
反思		经过这件事情我能深深认识到,只要抓住学生的特点,充分发挥他们的优点和长处,并通过各种渠道、方法,共同努力地做工作,那么他就一定会有较大的转变。 我认为在教育过程中,要培养学生积极的心态,始终让学生在心里记下"我行,我能"等积极的意念,鼓励自己,这样才能想尽办法,不断前进,直至成功。同时,要经常使用激励的语言赞美学生。因为在我看来,赞美具有一种不可思议的推动力量,对别人的赞美就像荒漠中的甘泉一样让人心灵滋润,受到赞赏的人能激发出一股自信与冲劲而引发出潜力。

小学生心理健康辅导记录表六

辅导对象	于某	班级	4.1	性别	女	年龄	11	辅导日期	9月17日
基本情况	于某,女,11岁。在农村生活。母亲在家乡镇上的工厂上班,父亲是个建筑工人,跟着建筑队常年在外工作。早年父母一直没有孩子。结婚十年后,生下了于某。于某的父母对孩子百般疼爱。								

续表

问题表现		于某上课的时候总是听讲一会儿,就不自觉地东瞧瞧、西看看,桌面上有什么东西都想玩。上课的时候很安静,基本上局限于一个人玩。考试成绩一般,老师和家长都着急。于某自己也知道上课应认真听讲,可是不知道应该怎样做会更好。
原因分析		小学生虽已发展了有意注意,但还是容易受其他事物的影响而分心。这个年龄的孩子自我控制能力还较差。上课不专心听讲,有其自身的年龄特点。通过于某的叙述,我能感觉到她对上课所讲的内容不感兴趣。如果老师讲得有趣,于某肯定会全神贯注。于某还未养成上课听讲的良好习惯。于某不适应老师的讲课形式或不喜欢任课老师,就不认真听课。因为某平时很少受到老师的关注,而老师的批评也是一种关注,潜意识想得到老师的关注。
辅导对策及过程	第一阶段	根据小学生的年龄特点,我关注了该实验班教师的授课课堂。对教师的授课方式提出了一些建议。建议教师上课时多采用新鲜、有趣、生动、形象的事物来吸引学生的注意力。适当增加活动性的内容,学生多与教师进行双边活动,以培养学生的学习兴趣。
	第二阶段	跟于某座谈,告诉她具体的学习方法:课前预习,把不懂的问题记下来;在课堂上带着问题听课,寻找答案。主动清理自己的书包,将与上课无关的东西清理出书包。在听讲时,思考哪些是重点,认为重点的就记下来,准备课后复习。同时,对一些没听懂的也要记下来,以便下课问老师或同学。
	第三阶段	建议各任课教师平时给予于某较多的关注,比如,平时交往中,摸摸她的头,拍拍她的肩膀,让她感到自己在老师心目中是有位置的。在上课的时候,经常提问于某,最好给于某比较容易回答的问题。
辅导追踪		一段时间的辅导后,于某的交往自信心明显提高了,上课的时候小动作少了,上课时也能积极举手发言了,在校内,她特别喜欢来到我的跟前问好,有时能感觉到她是特意走到我的跟前。因为有了良好的交际关系做基础,学习成绩也有所提高。家长也反映于某在家里能够做很多的家务活。
反思		对于那些在特定环境里娇生惯养的孩子,我们要多关心他们,让他们感到老师像妈妈一样关注她,让她在学校感受有家的温暖、老师的慈爱,让他们获得足够的安全感。在辅导过程中要向学生倾注更多的爱,努力构建起师生之间信任的关系。加强教师与家长的联系,共同督促形成良好的氛围,这样的教育和辅导就会事半功倍。

小学生心理健康辅导记录表七

辅导对象	马某	班级	4.1	性别	男	年龄	11	辅导日期	九月十二
基本情况		马某,男,11岁。家住农村,有一个姐姐,姐姐大他12岁。全家人比较宠他。父母外出打工。							
问题表现	马某上课注意力不集中,总是钻老师的小空子,趁老师不注意的时候玩小玩具,老师没收一个,不几天又拿来一个。老师提问他,经常不知道老师讲到哪儿。写字很快,但是很不认真,作业质量很差。								
原因分析	小学四年级的学生虽已发展了有意注意,但还是容易受其他事物的影响而分心。这个年龄的孩子自我控制能力还较差。上课不专心听讲,有其自身的年龄特点。马某由于受家人的娇惯较多,而且自身也惯自己,所以,对上课所讲的内容不感兴趣。								
辅导对策及过程	第一阶段	与马某面对面地坐下谈话,他是一个思路比较清晰的孩子,语言表达比较连贯。我告诉他老师对他的期望是很高的,在老师心目中他占有非常重要的地位。在谈心过程中,我一直肯定他的优点,鼓励他充分发挥自己的聪明才智,同时诚恳地指出学习是自己的事情,老师只是学习上的领路人。我对他提出了希望,并告诉他怎样专心听讲的方法。							
	第二阶段	我找到马某的老师,告诉老师降低对马某学习的期望:选择适宜的学习目标,降低期望值,找出适合他的学习方法,尽量减轻他的作业量,减轻学习负担,加强对其学习技能的培训,如精确做作业的能力、仔细检查的能力等。							
	第三阶段	指导教师改变教学方式。采用灵活、有趣、快乐的教学方式授课,争取每节课都能有让他发言的机会,努力把他带到课堂中来,不让他的注意力游离于课堂之外。							
辅导追踪	每隔两个星期,我都找马某谈一谈,了解他最近一段时间的学习。他有改变,比如每天的作业总是一笔一画地写。								

续表

反思	对于马某同学的"变化",引起了我诸多更深层次的反思。我常常在想:在长达九年的义务教育中,每个学生对知识的接受能力不一样。如果老师、家长没有引起足够重视,只是一味批评、责怪、训斥,就会让孩子产生更深的心理负担。试想在学习中没有信心,也缺乏兴趣与动力的学生,如何能产生理想的学习效果,无数次的失败只会招来更多的责备,由此形成无休止的恶性循环,以至产生更为严重的后果。而更多的连锁反应也将由此而生,由于学习不佳,教师家长就可能无形中产生一种偏见:书念不好,其他事也一定做不好,以至将他们一棍子打死,给予全盘的否定。 　　做一个有耐心的老师,看着学生一点一点地成长。

小学生心理健康辅导记录表八

辅导对象	宋某	班级	4.1	性别	女	年龄	10	辅导日期	12月10日
基本情况	宋某,女,10岁。家住农村,坐班车到校上学,父亲在外地上班,妈妈在家照顾孩子的起居。妈妈很重视她的学习,说不会让孩子输在起跑线上。									
问题表现	在假期参加了语文、数学两个补习班和电子琴、书法两个特长班,坚持一个月后,她感到精神疲乏,心里烦躁,无法集中注意力,学习效率降低。宋某说实在忍受不下去了,可妈妈还是逼着她去上课。									
原因分析	过分紧张的学习使宋某失去了暑假休息的机会,过分繁重的补习导致宋某处于严重的学习疲劳状态。她本人感到头昏脑涨、注意涣散、记忆减退。									

辅导对策及过程	第一阶段	对于孩子出现的这种情况,我首先找到了孩子的母亲,与她进行座谈。告诉她宋某出现的一系列的心理压力,并会引发哪些后果。我给宋某的母亲提出了一些建议:首先减少孩子的学习时间。把周末的补习班去掉。因为不考虑身体与心理的承受能力,每天逼着学生长时间学习是不可取的。建议宋某中午能有足够的午睡时间。建议孩子每节课后闭上眼睛小眯一会儿。
	第二阶段	自我想象,放松身心。经常做如下的想象练习,可以放松身心:平心静气地坐下来,闭上眼睛,想象自己睡在床上,自己的双脚是混凝土浇筑的;再想象由于手和脚一样,身体已经沉到床下了。然后,改变想象的内容,想象自己的身体是由几个胶皮气球组成的,把脚上的阀门打开,放气,脚步开始瘪了,把其他部位的阀门全打开了,想象自己的整个身躯都变瘪的情形。
	第三阶段	与宋某座谈,了解她内心深处的感受,以及对学习的认识。通过座谈,我发现,宋某对学习还是很认真的。只是她的母亲总是在她做一件事情的时候,就不停地催促她做另一件。让她总是感觉赶不上母亲的指令。 　　我又约谈了宋某的母亲,询问情况,确实如此。找到问题的症结,我指导宋某的母亲在孩子的事情上慢慢后退。给孩子足够的自主安排学习的时间。

辅导追踪	我坚持每周都跟宋某的母亲通个电话,宋某的母亲也很遵守我们之间的约定,每次她都告诉我自己在处理孩子学习生活上的做法。根据宋某母亲的情况,我再相应地提出建议。
反思	我很能理解作为家长在孩子学习上的急切心情。父母这一代因为不重视学习,跟同龄人的生活差了一截。当父母认识到问题出在当初不好好学习上以后,会在自己的孩子身上出现补偿心理。不断地给自己的孩子施加学习上的压力。如果孩子的心理承受力一般或者偏弱,就会出现一系列的学习心理问题。当家长认识到这样对孩子成长不利的时候,应该恰当的放缓节奏。还好,宋某的家长在后续的处理上做得很不错。

小学生心理健康辅导记录表九

辅导对象	王某	班级	4.1	性别	男	年龄	11	辅导日期	5.6
基本情况	王某,男,11岁,四年级学生。性格上,胆小、自卑、头爱不停地摇动。家庭状况一般,父母常年外出打零工。王某除了在家睡觉,常住小饭桌。他的家离学校比较远,每天乘班车上、下学。他的父母说没有时间也没有精力与他交流沟通,父母对他的学习不闻不问。老师打电话告知该生在学校的不良表现后,他的父亲就对他一顿暴打。									
问题表现	下课也会趁着老师的不注意与同学打骂,上课从不主动举手回答问题,如果被老师喊到,即使不会回答也会自己偷偷笑。语言表达能力差。家庭作业经常不能完成。									

续表

原因分析		通过两个周的观察与了解,我发现王某与人交往时最主要的表现,他跟人说话不会太长久,总是说着说着就动起了拳头。作为老师,只有给予他相应的疏导和帮助,促使他改掉自卑的心理,忘却孤独,增强自信,自由地与家长、老师、伙伴交往,促进心理素质不断优化,心理逐步健康,成绩也能得到提高。
辅导对策及过程	第一阶段	我以真诚的态度与他谈心,进行情感沟通给予他充分的信任,抓住他的闪光点,给予及时的表扬,帮助他树立远大的理想,并鼓励他为之付出努力。这是一个缺乏爱的孩子。第一次约谈结束的时候,我告诉他,我这个老师妈妈很是喜欢他,可以抱抱他吗?我注意到王某的表情是害羞又有些愿意,我拥抱了这个孩子。我看到他欢天喜地地跑了出去,还不时地回头看我的办公室。
	第二阶段	我电话家访了王某的父亲,劝说他与妻子应多与孩子交流,及时了解他的学习生活情况,不要因为老师的一个电话,就将孩子一顿暴打。这样,反而加大了他与老师之间的距离。我把王某这几年来的学习情况、性格、交往的发展状况以及他的智力发展情况分析给家长听,建议他们综合考虑王某的实际情况,适当地降低要求,提出一些王某能够达到的目标,并帮助他实现这一目标。要求家长及时检查王某的作业。建议家长对孩子多鼓励少批评,多关心少打骂,为王某营造一个温馨、和睦、充满爱的家庭环境。
	第三阶段	集体的力量是无穷的,我从改正王某的学习习惯方面做起,还注意发挥集体和伙伴的作用,通过同学的关心与督促,及时提醒王某认真完成作业。 首先为他营造一个平等友爱的学习环境。我安排一个外向、活泼、乐于助人的组长做王某的同桌。这样当王某有困难时,同桌能热情地帮助他。同时,也能让王某在与同桌交往的过程中懂得热情、帮助人是赢得同学喜爱的首要条件。
辅导效果		进行了一段时间的辅导后,王某的交往自信心明显提高了,家庭作业能按时完成了,在校内,能和老师主动打招呼。因为有了良好的交际关系,学习成绩也有所变化。
跟踪辅导		王某的父母不主动打电话给我,我采取了主动联系的方式。我打电话给王某的父母。每次电话沟通的时候,我都先告诉王某的父母该生在这一段时间有了哪些变化,表达我的喜悦,以及对王某父亲这一段时间所付出的辛苦表示感谢,然后告诉王某的父亲下一步怎样做。王某的父亲不善言语,但是对老师的建议却是深信不疑。
反思		学生的不良习惯,都是日积月累逐渐形成的,有些行为习惯是由于家长的放任自流而产生的。教师在工作中要化被动为主动,在平时的工作中要及时发现,及时辅导,以促进其尽快转变。 教育学生的过程是心与心交流的过程,在辅导过程中要向学生倾注更多的爱,让孩子能感觉到老师是真的爱他,教育才会有效果。加强教师与家长的联系,共同督促形成良好的氛围,这样的教育和辅导就会起到事半功倍的作用。

小学生心理健康辅导记录表十

辅导对象	刘某	班级	4.1	性别	男	年龄	11	辅导日期	4.2
基本情况	刘某,男,11岁,小学四年级学生。父母婚姻处在破裂的边缘。根本没有心思管他。爷爷对他要求过于严苛。									
问题表现	成绩差,尤其是这学期以来,成绩逐步下降。课堂上注意力不集中,除了捣乱同学的学习,就是趴在课桌上。什么作业都不肯写,干扰同学上课。									
原因分析	父母婚姻出现问题对孩子的心理造成了很大的影响,容易让孩子产生挫败感,失去安全感。爷爷管教虽严,但家庭的裂痕会让孩子产生自暴自弃的念头。									
辅导对策及过程	第一阶段	我约谈了刘某,这个孩子一开始内心抵触很大。无论老师怎么说,他就是面无表情一言不发,我让他画了一张画来表示一家人的状况。在画中我找到了突破口,他肯于跟我交流。与他的谈心中,我全面地了解他的心理状况、问题行为产生的原因。还是出于对孩子的爱,我拥抱了刘某,告诉他,老师真的很喜欢他,并给他提出了学习的要求——按时完成老师布置的作业。								
	第二阶段	我把刘某前一段时间的表现记录在一个本子上,并告诉。刘某的每一点进步我都会认真记录,并一定会告诉他的爸爸妈妈。我的这一举动竟然强化了孩子向上的动力,他从来没有注意到自己是这样的优秀。趁此机会,我又一次对刘某提出了要求,并在谈话的最后,征求他的同意,拥抱了他。没想到这个孩子在拥抱的过程中用小手轻拍了我的后背。我太高兴了。这是他信任我的第一个举动。								
	第三阶段	我电话联系了孩子的家长,对家长的教育态度表示理解,同时指出无论婚姻出现怎样的状况,对孩子不管不问的教育方式是不好的,反而会令孩子产生逆反心理。要求家庭多给孩子温暖,共同做好转化工作。指导家庭对策。(如定期检查孩子的作业;指导学习,帮助孩子解决学习中的困难,多抽时间与孩子交流,对孩子的进步给予及时的鼓励。)								
辅导追踪	每两个周我都找孩子谈谈过去一段时间的进步与变化,同时跟家长电话沟通孩子的学习情况以及家长在家管理孩子所做的工作。									
反思	教育孩子是一项长期而艰巨的任务,我们不能只停留在孩子的学习成绩上,更要关注孩子的心理发展,发现问题及时教育、疏导,使他们成长为具有健康人格的社会主义接班人。									

小学生心理健康辅导记录表十一

辅导对象	曲某	班级	4.1	性别	男	年龄	11	辅导日期	4月12日
基本情况	曲某,男。11岁,四年级学生,跟爷爷、奶奶生活,父母在外跑运输,对孩子出现的在学习上的问题,常用的办法就是打。曲某头脑聪明,对各种小玩意儿特别感兴趣,甚至在课堂上一玩起来就爱不释手。									
问题表现	曲某对学习没有兴趣,上课思想不集中,小动作不断,各科老师没办法。只有老师和家长盯着才勉强动笔写作业,而且作业质量不是很好。曲某平时卫生劳动都很积极,不管多脏多累的活儿他都愿意干。									
原因分析	曲某对学习没有兴趣,学习成绩不好,除了孩子自身的原因,还有来自于他的家庭对他的不当教育。父母的打骂,父母只顾挣钱,对他缺乏耐心和关爱。与孩子父母管教相反的是祖父母溺爱曲某。还有来自于教师缺少对他的耐心教育以及对他的偏见。									
辅导对策及过程	第一阶段	我跟曲某坐在一起,他的手不停地扭动。我领他做了一个简单的手指游戏,告诉他只要他的手指想动,让他感觉不舒服的时候,他就可以做手指游戏。我告诉他上课要保持端正的坐姿,要把桌面收拾干净。我还让他找来一些卡片,和他一起在上面写下了"专心听讲!""坚持、坚持、再坚持!"等词句,并让他贴在文具盒上、书桌上、课本上等一些容易看到的地方。时常提醒自己,从而控制自己的不良行为。								
	第二阶段	与他的班主任和家长联系,共同为他设计了一套行为价值与奖励计划,即表现良好就给予一定奖励(当然,对这样的孩子的标准要降低)。如:表现好一些就发给他小红花,放学后可以玩半小时,晚上可以看一会儿电视或同意买一些喜欢的文具等。								
	第三阶段	针对曲某的问题,我和班主任老师特意进行了一次家访,与他的父母和祖父母进行了沟通,告诉他们家庭教育的重要性,如果处理不当会给孩子的学习和人格造成严重的负面影响,要多注意孩子的感受,不能一味地打骂,还要与孩子多交流,为孩子创造一个温馨、良好的家庭环境。并给予对曲某家庭教育上的指导。								
辅导追踪	两个周找他谈一谈学习生活的情况,经常向他的任课老师询问他的学习情况。									
反思	通过一学期的追踪访谈,各科老师都反映曲某进步明显,慢慢地建立起了对学习的兴趣,初步学会了控制和调整自己不良情绪和行为的能力。虽然,还不能保证每次作业都准时上交,但也在一步步向好的方向发展。看到孩子的可喜变化,他父母更是惊喜万分,他们改变了以往的粗暴态度。									

提高高年级小学生课堂注意力的跟踪辅导记录表

提高高年级小学生课堂注意力的跟踪辅导记录表一

辅导对象	杨某	年级	4.1	性别	男	年龄	10岁	辅导时间	2012.9.17
近段时间问题表现	杨某上课经常趁老师不注意的时候搞小动作,跟前后位说话,老师讲课的时候注意力不集中。语文、数学、英语老师布置的作业经常完不成。即使在课堂上写作业,他也是动作特别慢,作业质量不高。									
近段时间出现问题原因分析	对于杨某所出现的行为,我经过仔细调查,发现原因是多方面的,有主观因素,也有客观因素,主要有以下几条:1. 家庭的溺爱,同学们的不信任造成了他的逆反心理。2. 自控能力差。3. 对基础知识掌握不牢固。4. 对学习本身不感兴趣。									
下段时间辅导对策及过程	每个学生都有自尊心,都需要爱,尤其是杨某,平时受到批评、冷落太多,爱的需要得不到满足,当他犯错时,如果再进行指责、辱骂,那只能强化他的负面影响。因此,针对杨某的这种心境,我决心想办法和他沟通心理。首先用我的热情来换取他的信任,偶尔有点进步,我就在谈话时大加表扬。后来,我就适时地指出不文明的行为和语言不能赢得同学们的好感,应该用真心和诚实来获得同学们的信任。随后,在班级活动中,我尽量给他创造施展才能的机会,安排他做卫生打扫的组长,帮助他树立信心和培养他的荣誉感。我又积极地跟家长沟通,请家长配合教育。									
近段时间辅导结果	该生在经过老师和家长的教育后,能够按时完成作业,课堂表现有所改变,对班级的责任感也有所增强,但仍需努力。在与家长后续的电话沟通中,他的母亲有些力不从心,表示再也没有更多的精力花费在孩子的学习上。									

提高高年级小学生课堂注意力的跟踪辅导记录表二

辅导对象	赵某	年级	4.1	性别	男	年龄	10岁	辅导时间	9月29
近段时间问题表现	外界环境一点点小小的变化、声响就能引起他的注意,导致他要往往要把作业拖很久时间才能完成。								
近段时间出现问题原因分析	他的父母因为工作关系,不能够给他提供理想的学习环境,家庭教育氛围比较差。教师和家长的批评反而强化了他不写作业的行为。								
下段时间辅导对策及过程	首先我找来班主任一起与他家人做了一次诚恳的谈心,让家长有时间多多关心孩子的学习与生活。班主任表示会采取正面教育的方式,多多鼓励,并给他安排一个性格开朗、热心助人的同桌,以时时帮助他的学习。								
近段时间辅导结果	该学生的行为能有所收敛,但是要给他养成一个良好的学习习惯,至少要坚持30天以上。								

提高高年级小学生课堂注意力的跟踪辅导记录表三

辅导对象	宋某	年级	4.1	性别	男	年龄	10岁	辅导时间	4月15日
近段时间问题表现	上课听讲不够专心,有时会发出怪叫声,故意引起大家对他的注意。								
近段时间出现问题原因分析	该生的学习习惯亟需养成,他的怪叫声影响课堂的秩序,经常受到老师的批评与指责,从这一方面看出,他需要老师的重视,需要老师对他的关爱。								

	续表
下段时间辅导对策及过程	首先跟他的任课老师沟通，对他多加关注，发现他的闪光点，在班级事务中，分一点工作给他，让他有成就感，以此来要求他在课堂做到认真听讲并坚持养成习惯。课堂上，老师多加鼓励与启发，引导他慢慢回答老师的问题。 其次，跟他的家长进行电话沟通，把孩子在学校的闪光点及时通报，以刺激家长用更多的耐心来关爱孩子。
近段时间辅导结果	老师的付出没有白费，经过一段时间的帮助，该生在学习上树立了自信，能比较认真地听课，能按时完成老师布置的各项工作。但是作业的质量还是有待于提高。

提高高年级小学生课堂注意力的跟踪辅导记录表四

辅导对象	郭某	年级	4.1	性别	男	年龄	11岁	辅导时间	10月29日
近段时间问题表现	郭某上课不专心，老师反映他很浮躁，学习不扎实，问题了解得不够深入，只求表面现象，知识只懂了一点，就开始沾沾自喜。平日小测验成绩还可以，每到单元过关检测成绩就一蹋糊涂。								
近段时间出现问题原因分析	该生智商一般，但是上进心较强，有虚荣心，爱在众人面前展示自己，自制力稍差些，所以表现出来的是一知半解。								
下段时间辅导对策及过程	针对孩子的这种状况，对孩子进行了个人访谈：首先，与孩子一起找找自己身上有哪些优点和缺点。其次，一起商量，这些优点以后怎样做，会把它做得更好。怎样做会把缺点逐渐改改掉。我们一起约定，改掉其中的三个小毛病。最后，帮他找三个好朋友监督他的行动。								
近段时间辅导结果	郭某也是一个有毅力的孩子。我真的喜欢这样的孩子。他现在对自我的约束力很强，相信他的期末成绩会有所提高。								

提高高年级小学生课堂注意力的跟踪辅导记录表五

辅导对象	马某	年级	4.1	性别	男	年龄	10岁	辅导时间	10月17日
近段时间问题表现	1. 上课的时候，马某会不自觉地站起来，把脚垫放在屁股下坐着。 2. 对问题不思考，张口就来。									
近段时间出现问题原因分析	他前一段时间进步较大，但是因为对知识的掌握不够系统，所以到了一定的阶段，他还想表现优秀，就表现出对问题思考不够，张口就来，因此回答问题常常令老师不够满意。甚至会给任课老师错误的判断：该生在故意捣乱课堂秩序。									
下段时间辅导对策及过程	1. 我去跟马某的任课老师进行沟通，如果回答对问题，就合理的表扬、鼓励，对他回答错的问题，给他时间思考。 2. 跟家长进行电话沟通，关注孩子在家里的表现，做父母的只做好监督工作，对他好的行为习惯及时表扬并加以强化。 3. 我和马某商量，我和他一起制作一张进步记录表，及时记录他进步的情况。									
近段时间辅导结果	马某上课不由自主站起来的次数减少了，也很少把脚放在屁股底下了。从他的行为中，我看得出沉稳多了。									

提高高年级小学生课堂注意力的跟踪辅导记录表六

辅导对象	宋某	年级	4.1	性别	女	年龄	10岁	辅导时间	12.12
近段时间问题表现	该生近段时间上课总是走神，发呆，平时的小测验成绩下滑。									
近段时间出现问题原因分析	对这个问题，我建议班主任老师与家长进行沟通，询问她的父母最近家里有没有什么事情影响了她的精力，干扰了她的学习生活。后来班主任告诉我，她的妈妈给她生了个妹妹，没有时间管理她，宋某常常埋怨妈妈只关心妹妹，不关心自己。									

续表

下段时间辅导对策及过程	了解了以上的情况,我知道宋某担心父母不再关心她爱她才出现的上课走神情况。她担心妹妹会夺走父母对她的关爱,因为担心所以会走神。我跟宋某进行了一次谈话。让她知道父母对她的爱不会变,妹妹小,父母花费的精力较多,作为家里的大孩子,要学会自己的事情要做好,不让父母担心。宋某表示能做到。
近段时间辅导结果	通过以上的谈话及辅导,宋某在课堂上的表现有了很大的进步,作业也有了改观。

提高高年级小学生课堂注意力的跟踪辅导记录表七

辅导对象	王某	年级	4.1	性别	男	年龄	11岁	辅导时间	4月2日
近段时间问题表现	该生接受速度比一般学生慢,注意力不够集中,易受外界影响,小动作多,不但自己不能静下心来学习,还影响了他周围的同学学习。课间喜欢打骂同学。									
近段时间出现问题原因分析	王某的内心里还是有着掩藏不住的自卑,他在课堂上的诸多小动作是引起老师关注他的信号,而老师对他这个心理需求的回应是批评、讽刺、挖苦。他的内心得不到应有的关爱,促使他课间以暴力让周围的学生惧怕他。我想通过家校与他自己的努力改掉自卑,增强自信,能够与家长、老师、伙伴开心地交往,促进心理素质不断优化。									
下段时间辅导对策及过程	注重与家长沟通联系,与家长配合指导教育,时刻关注王某的学习、生活动态。通过谈话交流及课堂上有意识的鼓励,让他建立起学好语文、数学这两门基础学科的信心,一方面使其注意力集中,一方面培养其学习习惯。锻炼他的朗读能力,又加强计算方面的练习,经常个别指导查漏补缺。									
近段时间辅导结果	通过我与家长不断真诚地交流沟通,家长也能配合我们所做的一切指导教育工作了。孩子的学习仅仅依靠老师的付出是不行的,学生要有改观,除了自身的毅力,还需要全方位的耐心教育。									

提高高年级小学生课堂注意力的跟踪辅导记录表八

辅导对象	刘某	年级	4.1	性别	男	年龄	11岁	辅导时间	5月8日
近段时间问题表现	刘某在做与学习有关的事情时比较慢,爱搞小动作,头还不停地左右摆动,个人不够整洁。作业不能按时完成。								
近段时间出现问题原因分析	我首先找来教刘某的任课老师一起座谈。通过座谈,我知道了在老师们的眼睛里,刘某就是一个十恶不赦、永远也改变不好的后进生,任课老师说起刘某的语气总是讽刺挖苦多。在这样的教育中,我觉得再上进的孩子也难免会破罐子破摔。与他的家长沟通,家长的意见是这么小的孩子就让他不读书实在是没人管,让孩子上学,就是为了让老师帮家长管着。								
下段时间辅导对策及过程	我跟刘某的任课教师商量,给他2个周的表现时间,在这两个周里尽量温和地与刘某交谈。我又单独的跟刘某谈心,告诉他我跟老师们打了一个赌,但是需要刘某的帮助,刘某自信地对我说,非得让他的任课老师们输掉。我又多次跟家长联系、沟通,要求让家长再怎么忙都要找时间多陪孩子,让刘某感受到亲人的温情,他母亲之后也有配合教育孩子,时刻关注他的学习、生活动态。								
近段时间辅导结果	通过几个星期老师与家长的密切配合、耐心指导教育。刘某自身的努力,他的错字少了,数学课上的计算能力也有很大提高。我有一个认识,那就是每个孩子都有软肋,刘某是个说话算话的好孩子。								

提高高年级小学生课堂注意力的跟踪辅导记录表九

辅导对象	曲某	年级	4.1	性别	男	年龄	11岁	辅导时间	4月24日
近段时间问题表现	曲某在任课老师的口述中,毛病最多的就是上课注意力不集中,家庭作业完不成,对所学知识掌握不够牢固。但是曲某有一个优点就是爱劳动。								
近段时间出现问题原因分析	曲某对学习没有兴趣,学习成绩不好,除了孩子自身的原因,还有来自于他的家庭对他的不当教育。父母的打骂,父母只顾挣钱,对他缺乏耐心的关爱。祖父母溺爱。还有来自于教师对他缺乏耐心的教育以及对他的偏见。								

续表

下段时间辅导对策及过程	通过谈话交流,及对任课老师课堂上的教学辅助语言的纠正指导,告诉老师们对曲某最好有意识的鼓励,挖掘发现他的闪光点并及时表扬,让他建立起学好语文、数学的信心。语文老师告诉他读一本什么样的书,数学老师教给他在数学课上主要加强计算方面的练习。
近段时间辅导结果	通过耐心指导和教育,曲某学习的主动性提高了。我也挺理解老师教学时的无奈与对学生的讽刺挖苦。我还有另外的一个观点,蹲下来看着孩子慢慢地成长,学生对于学习过程中新知识的接受需要一个过程。

提高高年级小学生课堂注意力的跟踪辅导记录表十

辅导对象	刘某	年级	4.1	性别	男	年龄	11岁	辅导时间	4月10日
近段时间问题表现	班主任对刘某的评价是无故打骂同学,蛮横不讲道理,情绪容易激动,自控能力较差。对于打不过的同学,就怂恿别人去打。上课的时候,老师讲到什么地方都不知道。									
近段时间出现问题原因分析	刘某攻击性行为的目的在于让大家都承认他,肯定他,惧怕他,从而确定他在班级的地位。而父母对他常年不关心,爷爷奶奶的宠爱,让他养成蛮不讲理的性格。于是就想引起老师,同学的注意。当他对学习提不起兴趣的时候,打架就成了证明他的存在状态的一种方法了。									
下段时间辅导对策及过程	在心理辅导过程中,我对他的点滴进步及时表扬,并鼓励他再接再厉。在肯定他进步的同时,我也让他明白自己完全可以控制自己的言行举动。只要有毅力、有恒心,一定能行,一定可以成为同学们的好朋友。加强和家长的联系,让他们感受到刘某的变化,同时对家长提出新的要求,并抽时间多陪陪孩子。									
近段时间辅导结果	我深深地认识到,教育是一个复杂的、长期的过程,所以我对刘某的要求并不是太高。一开始,我要求他一天、两天不打人。当他做到时,再提高要求,让他不断进步,不断成长。通过一段时间的心理辅导,刘某有了很大进步。他懂事多了,也爱学习了,我相信他以后会越变越好的。									

提高高年级小学生课堂注意力的跟踪辅导记录表十一

辅导对象	王某	年级	4.1	性别	男	年龄	10岁	辅导时间	5月9日

近段时间问题表现	王某自控能力差,上课时总是管不住自己,小动作很多。作业马马虎虎、潦潦草草,作业完成速度较慢,总是拖拖拉拉,经常不完成。但是一到下课,他就生龙活虎玩耍开了,有时还特别淘气,惹来其他孩子告状。放学回家,只有父母在,他才会做点作业,父母不在,根本不会自觉地做作业。
近段时间出现问题原因分析	王某的老师在说这些问题的时候,越说越愤怒。我找来王某的原始档案,发现他的家长对他的学习还是很用心的,是不是方法出现了问题?我因此电话联系了王某的妈妈,谈了很久之后,妈妈终于承认对孩子使用暴力,甚至有把孩子推出家门口的行为。
下段时间辅导对策及过程	我首先肯定了王某妈妈对孩子教育的认真态度,又给她提出了一些具体的建议,指导她怎样辅导与管理孩子在家的学习生活。他的妈妈表示愿意尝试。我又跟王某谈心,告诉他端正学习态度,与他商量采取记录妈妈和老师鼓励表扬他的事情与次数。
近段时间辅导结果	通过几个星期的耐心指导和教育,王某的妈妈告诉我孩子是有变化的,但是她自己总是克制不住自己的情绪。王某本人倒是很自信,说妈妈对他学习的态度与使用的方法很满意。

提高高年级小学生课堂注意力的跟踪辅导记录表十二

辅导对象	高某	年级	4.1	性别	男	年龄	10岁	辅导时间	3月25日

近段时间问题表现	高某的学习成绩不够稳定,在班级里忽上忽下。上课注意力不够集中,不能按时保质保量地完成作业,基础知识掌握不牢固。性格比较开朗,内心想法也比较多。
近段时间出现问题原因分析	高某是个单亲家庭的孩子,跟着父亲生活,父亲的生活极其不稳定,工作也没有着落。他本人自尊心又强,不愿意被别人说"不"字。他学习的不稳定与他父亲的婚姻状况以及工作状况有着极大的影响。这样的情况,我电话联系了孩子的父亲,孩子的父亲表示对孩子的学习无能为力,便挂掉了电话。

续表

下段时间辅导对策及过程	我找高某谈心,给他做了一张测试表,告诉他,他有着很高的智商,他的学习完全可以自己控制,我对他是有信心的。我告诉他培养学习习惯的具体做法。建议他加强计算方面的练习,训练看图编题,列式计算的能力。我给他推荐了几本书,又找了几个优秀的学生帮他查漏补缺。
近段时间辅导结果	通过"一帮一"的学习方式提高了高某学习能力,同时让他与同学交朋友、多交流,感受集体的温暖。经过一段时间的努力该生计算能力有所提高,作业经常能按时完成,我推荐的书他也都读过了。为了鼓励他,送给他了几本书。高某很高兴。

提高小学生课堂注意力家长访谈咨询记录表

提高小学生课堂注意力家长访谈咨询记录表一

咨询对象	张某妈妈	学生姓名	张某	班级	4.1	性别	女	年龄	10	辅导日期	9月2日
家长教师对该生存在问题的访谈	班主任老师综合了所有任课老师对张某的评价：张某平时上课总是喜欢玩手指、笔之类一些书桌上随手可得的东西。从不主动找同学玩。上课回答问题时，总是低头站着，不说会也不说不会。无论老师怎样启发，都是一言不发。在写生字时，她很容易将生字偏旁写颠倒，或者多笔画少笔画，最基本的数学计算都做不好。 　　家长认为张某在家里听话、懂事，晚上喜欢看电视，少儿节目看不够，学习不主动也不排斥，让张某去写作业，孩子就嘟嘟囔囔地去写。张某妈妈表示很想跟老师学习教育指导孩子的方法。											
原因分析及达成共识	通过反复观察，发现张某由于注意力不集中和听觉记忆方面发展不协调，造成学习困难，成绩低下。我认为该生对学习不感兴趣，是学习注意力差。因为学习注意力差，老师讲课的时候不知道该怎样听课，学习成绩差，影响了学习的兴趣，降低了学习生活的自信，也影响了该生与他人交往。 　　我与张某妈妈商量，制定了可以操作的提高注意力的方法来加强张某的注意力的能力。											
家长辅导过程	我首先与孩子的母亲制定合理的作息制度。告诉孩子的母亲不能让张某长时间地看电视，因为看电视时孩子处于似听非听、似看非看的状态，容易造成孩子上课也处于这种状态。建议家长培养孩子看书的习惯，让孩子读书读出声音。训练孩子背一些简单易懂的儿歌，不要太长，在五分钟的时间里争取让她背过来，给她以成功感，再背古诗，然后背课文。因为背书可以训练儿童听觉记忆的能力，并能丰富她的词汇。在背的过程中，如果背不来，也不强制，妈妈就陪着孩子一起读。这样坚持三个月。											
教师观察记录	为了给张某妈妈信心，我每两个周跟张某妈妈通一次电话，把班主任的反馈信息传达给张某妈妈，这些反馈信息大多是张某的点滴进步的，再就是调整对孩子的注意力训练方法。 　　一个学期过去了，现在的张某跟以前的张某在学习方面明显上了一个大大的台阶。											

提高小学生课堂注意力家长访谈咨询记录表二

咨询对象	赵某妈妈	学生姓名	赵某	班级	4.1	性别	男	年龄	10	辅导日期	9月21日
家长教师对该生存在问题的访谈											

家长教师对该生存在问题的访谈	班主任老师跟赵某的妈妈谈了孩子在学校的综合表现：赵某上课无法专心听讲，经常坐在座位上扭来扭去，小动作多，没什么可玩的时候，就玩玩笔、尺子、橡皮等学习用品。教室外的一点点动静，就能引起他的注意，老师布置的作业总是拖很久，在老师无数次的催促下才能完成。 　　赵某的妈妈叹了口气：夫妻俩在城里打工，早出晚归，基本上每次回家，孩子都要睡觉了。基本上没有谈心的时间，更不知道孩子的作业是什么。有时想检查作业，可是看到时间已经很晚，就不忍心让孩子少睡觉，检查作业的事就这样一拖再拖过去了。早晨6:00就得起床。赵某平时在奶奶家吃晚饭，中午在小饭桌吃饭，作业在小饭桌写完。
原因分析及达成共识	对于赵某来说，可能主要是由于动作协调能差一些而导致注意力无法集中。这孩子睡眠不足，大脑得不到充分休息，对与学习无关的事情关注过多，出现注意力涣散的情况。另外，家庭教育相对薄弱，赵某的自制力差一些，因此，对学习不感兴趣。
家长辅导过程	根据孩子的表现，我指导孩子的母亲，如果家庭条件允许，让孩子坚持打乒乓球，理由是上课的时候总是动来动去，男孩子身体积蓄的能量要及时地发泄出去，打乒乓球说不定还能锻炼他的注意力。如果自己不能检查孩子的作业，至少得请辅导班的老师给赵某加个小灶，让老师代替父母检查作业。多抽点时间跟孩子聊聊天，谈谈心。
教师观察记录	赵某在学校上课的时候动得少了，上课的积极性也提高了，偶尔会举手回答问题，并且能说到问题的要点上去。

提高小学生课堂注意力家长访谈咨询记录表三

咨询对象	宋某妈妈	学生姓名	宋某	班级	4.1	性别	男	年龄	10	辅导日期	4月8日

家长教师对该生存在问题的访谈	班主任老师给出了宋某的综合表现：活泼好动、性格外向、乐于为集体做好事，积极主动热情。但是学习兴趣不大、平时听讲时注意力不够集中，总是低着头玩，每次提醒只能看几分钟黑板，头又低下去了。作业总是马马虎虎。喜欢老师表扬，有时很积极，但又经常犯错误被老师批评。 　　宋某妈妈的谈话：家住农村，夫妻没有固定工作，外出打工，孩子寄养在姨妈家。宋某每周回家一次，夫妻由于长时间见不到孩子，只想着给孩子做好吃的，学习的事也就是象征性地过问一声"作业做完了"就完事。

123

续表

原因分析及达成共识	宋某的父母常年对孩子疏于管教,把孩子寄养在孩子的姨妈家。姨妈对宋某的管教也仅仅局限于吃饱、睡好、身体健康。对孩子学习也仅仅是口头上的督促。孩子的学习缺少家庭系统的支持。
家长辅导过程	宋某的家长很无奈,因为对老师提出的要求不能做到。但是家长保证周末认真记录家庭作业的内容,适当辅导,作业按时完成,对老师布置的家庭作业及时反馈等,并采取一些强化手段,对按时完成家庭作业的行为进行表扬。
教师观察记录	宋某总体来说是个有上进心的孩子,小学的这些知识对他来说,学起来不费劲。在家长实实在在的督促下,任课老师的反映中,我觉得只要他坚持,一定会很好。

提高小学生课堂注意力家长访谈咨询记录表四

咨询对象	郭某爸爸	学生姓名	郭某	班级	4.1	性别	男	年龄	11	辅导日期	10月15日
家长教师对该生存在问题的访谈	\multicolumn{11}{l}{老师对郭某的综合评价是:头脑聪明,语言表达能力很好。但自制力较差,上课注意力不集中,不是乱说话就是做小动作,无法专心听讲,经常严重干扰上课秩序。学习、做事不注意细节、粗心大意。经常容易因无关刺激而分心。写一个字要花别人两三倍的时间。课上经常被老师点名批评。 爸爸对郭某的评价:郭某喜欢新奇的事情,喜欢新奇的东西,但是喜欢一阵子就失去了兴趣,做事情总是虎头蛇尾。}
原因分析及达成共识	\multicolumn{11}{l}{郭某爸爸对孩子小学阶段有一个深信不疑的观点——孩子小,小学的这点知识不学都行,等他上了初中再管也不晚。因为有这样的育子观,所以未能及时发现孩子身上存在的问题。而当老师提出孩子身上存在的问题时,问题已经很严重了。家长愿意配合老师纠正孩子身上的缺点。}
家长辅导过程	\multicolumn{11}{l}{我与家长共同商讨干预方案,要求家长保持平常心,为孩子选择适宜的学习目标,不要提过高的要求。孩子在家的活动有规律,家长的规定要简明扼要,规定越具体,孩子就越容易约束自己。家长帮助他建立独立学习、生活的自我管理能力,自我制定学习计划,自己整理书包,学会记笔记,学会提高学习效率。}

续表

教师观察记录	从郭某的任课老师反映来看,郭某的爸爸采取的教育行动效果不明显。郭某还是老样子。

提高小学生课堂注意力家长访谈咨询记录表五

咨询对象	李某父亲	学生姓名	李某	班级	4.1	性别	男	年龄	10	辅导日期	10月29日
家长教师对该生存在问题的访谈	班主任老师对李某的综合评价:李某顽皮、好动,喜欢接老师的话,而且总在当面或背地给同学或老师起绰号。他在做作业时需要有人监督他,如果没人监督,他就不写,理由就是"忘记了"或"我不会做"。每次上课,他总能想出一些与课堂内容无关的事出来做做。譬如拿卡片出来玩,写纸条传给其他同学等。 李某父亲对孩子的评价:李某的父亲说他自己都是上顿吃饱还不知道下顿在哪儿,自己的生活还没处理好,哪儿有时间管孩子。然后不再言语。											
原因分析及达成共识	李某注意力不集中的主要原因是没有树立正确的理想观,价值取向发生偏差。不守纪,单纯地从他身上看,有两种情况:不是完全的无理取闹,可能是在认真听课的前提下发生的;起绰号也说明他乐于观察、思考,能较为准确地抓住人的特征,是个聪明的学生。从李某的情况分析,他的所作所为只是爱出风头、卖弄小聪明,迫切想表现自我的一种方式。											
家长辅导过程	李某的父亲不能很好地配合学校的教育工作,我们又约谈了李某的继母,了解其在家表现及家长对他的要求和期望,告知老师的帮教措施,并希望每隔一段时间,就和家长沟通,有的放矢地通报其在校表现,同时告知在家情况。											
教师观察记录	李某是个争气的孩子,这样的孩子老师是愿意帮助他的。											

提高小学生课堂注意力家长访谈咨询记录表六

咨询对象	于某妈妈	学生姓名	于某	班级	4.1	性别	女	年龄	11	辅导日期	9月17日
家长教师对该生存在问题的访谈	老师对于某的评语:上课的时候很安静,不捣乱,对老师讲的问题什么也不会。考试成绩一般,老师和家长都着急。 于某妈妈的评语:于某在家里不言不语,也很安静,也不知道她在自己的屋子里捣鼓什么,反正过去孩子的房间看看,什么也没有发现。于某妈妈也很着急,不知道应该怎么做才好,急需要老师的帮助。											
原因分析及达成共识	小学生虽已发展了有意注意,但还是容易受其他事物的影响而分心。这个年龄的孩子自我控制能力还较差。上课不专心听讲,有其自身的年龄特点。通过于某的叙述,我能感觉到她对上课所讲的内容不感兴趣。如果老师讲得有趣,于某肯定会全神贯注。于某上课时看似安静,其实还未养成上课听讲的良好习惯。因于某平时很少受到老师的关注,而老师的批评正是一种关注,潜意识想得到老师的关注。											
家长辅导过程	跟于某妈妈座谈,告诉她具体的指导孩子的学习方法:课前预习,把不懂的问题记下来;在课堂上带着问题听课,寻找答案。主动将与上课无关的东西清理出书包。在听讲时,思考哪些是重点,认为重点的就记下来,准备课后复习。于某妈妈需要坚持检查孩子的作业。											
教师观察记录	于某在单元测试中,不论是语文还是数学,成绩都比以往有了提高,听课的状态改观不明显,不过回家后,能主动说某某老师怎么做。亲其师信其道,从于某的这个小举动可以看出她对学习感兴趣了。还是再观察一段时间吧。											

提高小学生课堂注意力家长访谈咨询记录表七

咨询对象	马某姐姐	学生姓名	马某	班级	4.1	性别	男	年龄	11	辅导日期	9月12日
家长教师对该生存在问题的访谈	老师的综合评价:马某上课注意力不集中,总是钻老师的小空子,趁老师不注意的时候玩小玩具,老师没收一个,不几天又拿来一个。老师提问他,经常不知道老师讲到哪儿。写字很快,很不认真,作业质量很差。 马某姐姐的回应:他们的爸爸妈妈没有时间来校,让她来代替。可是她本人表示自己管不了弟弟。											

续表

原因分析及达成共识	小学四年级的学生虽已发展了有意注意,但还是容易受其他事物的影响而分心。这个年龄的孩子自我控制能力还较差。上课不专心听讲,有其自身的年龄特点。马某由于受家人的娇惯较多,而且自身也惯自己,所以,对上课所讲的内容不感兴趣。
家长辅导过程	无
教师观察记录	一个孩子的成长是需要多方面的教育支持,其中,最关键的一项是家庭系统的支持。这一项在马某的身上是相对缺失的,作为老师,只能尽最大的努力帮助他。

提高小学生课堂注意力家长访谈咨询记录表八

咨询对象	宋某妈妈	学生姓名	宋某	班级	4.1	性别	女	年龄	10	辅导日期	12月10日
家长教师对该生存在问题的访谈	老师对宋某的综合评语:宋某最近一段时间听讲不好,总是喜欢在作业本上画画。老师以前询问过宋某,宋某说她感到心里烦躁、累,无法集中注意力,老师想知道宋某的家里有什么变化。 宋某妈妈的反映:家里一切正常。为了提高孩子的成绩,今年暑假特意参加了语文、数学两个补习班和电子琴、书法两个特长班。一开始孩子还挺高兴,后来就说放假还不如上学。											
原因分析及达成共识	过分紧张的学习使宋某失去了暑假休息的机会,过分繁重的补习已经导致严重的学习疲劳状态。她本人感到头昏脑涨、注意力涣散、记忆减退。建议家长有节奏地给孩子放松压力。											
家长辅导过程	首先减少孩子的学习时间。把周末的补习班去掉。因为不考虑身体与心理的承受能力,每天逼着学生长时间学习是不可取的。建议宋某中午能有足够的午睡时间。建议孩子每节课后闭上眼睛小眯一会儿。妈妈减少过问孩子学习上的事情。											
教师观察记录	宋某的老师反映,宋某看起来开朗多了,下课的时候还与同班同学玩跳皮筋的游戏。老师反映宋某脸上有了笑容,上课恢复了往日的样子。											

提高小学生课堂注意力家长访谈咨询记录表九

咨询对象	王某爸爸	学生姓名	王某	班级	4.1	性别	男	年龄	11	辅导日期	5月6日

家长教师对该生存在问题的访谈	老师对王某的综合评语:王某在上课的时候头爱不停地摇动。上课时也会趁老师不注意与同学打骂,从不主动举手回答问题,即使被老师喊到,不会回答也会自己吃吃地笑。语言表达能力差。家庭作业经常不能完成。 　　王某爸爸的反应:不停地抽烟,只说了一句,老师说怎么做,我照做。 　　王某的家庭状况一般,父母常年外出打零工。王某除了在家睡觉,常住小饭桌。他的家离学校比较远,每天乘校车上、下学。他的父母说没有时间也没有精力与他交流沟通,父母对他的学习不闻不问。老师打电话,他的父亲就对他一顿暴打。
原因分析及达成共识	通过几个月的观察与了解,我发现王某与人交往时最主要的表现是,他跟人说话不会太长久,总是说着说着就动起了拳头。作为老师,只有给予他相应的心理疏导和帮助,促使他改掉自卑,忘却孤独,增强自信,自由地与家长、老师、伙伴交往,促进心理素质不断优化,心理逐步健康,成绩也能得到提高。
家长辅导过程	我建议王某的爸爸不要因为老师的一个电话,就施加给孩子一顿暴打。这样,反而加大了王某与老师之间的距离。要求家长及时检查王某的作业,最好做到作业签字。
教师观察记录	王某老实木讷的父亲真的按照我的建议去做了,任课老师说家庭作业都有签名。王某现在的家庭作业也能按时上交了。

提高小学生课堂注意力家长访谈咨询记录表十

咨询对象	刘某父母	学生姓名	刘某	班级	4.1	性别	男	年龄	11	辅导日期	4月2日

家长教师对该生存在问题的访谈	老师给出的综合评语:尤其是这学期以来,成绩逐步下降。课堂上注意力不集中,除了捣乱同学的学习,就是趴在课桌上。什么作业都不肯写,干扰同学上课。老师不停地给他换座位。 　　刘某的父母:母亲一言不发,开始抹眼泪。父亲低着头,手不停地捏烟盒。沉默良久,这对乡村夫妻终于互相说出了彼此对对方的不满。听来都是生活上的零碎小事。为了方便谈话,我分别跟他们二人进行了谈心。最后,我们共同地谈了对孩子的教育问题。

续表

原因分析及达成共识	父母婚姻出现问题对孩子的心理造成了很大的影响,容易让孩子产生挫败感,失去安全感。爷爷管教虽严,但家庭的裂痕会让孩子从心理上产生自悲感。
家长辅导过程	爸爸妈妈经常在一起做饭、吃饭,生活作息同步。妈妈能定期检查孩子的作业;指导学习,帮助孩子解决学习中的困难,抽时间与孩子交流,对孩子的进步给予及时的鼓励。爸爸有时在周末与家人一起到城区的十里长廊健身器材处小玩一会。
教师观察记录	孩子的学习表现是家庭教育的晴雨表。刘某的家庭作业写得很工整,数学题正确率很高。这个孩子本来就聪明,会有更大的变化。这个,我深信。

提高小学生课堂注意力家长访谈咨询记录表十一

咨询对象	曲某奶奶	学生姓名	曲某	班级	4.1	性别	男	年龄	11	辅导日期	4月12日
家长教师对该生存在问题的访谈	老师眼中的曲某:曲某头脑聪明,对各种小玩意儿特别感兴趣,甚至在课堂上一玩起来就爱不释手。曲某对学习没有兴趣,上课思想不集中,小动作不断,各科老师拿他没办法。只有老师派人盯着才勉强动笔写作业,而且作业质量不是很好。曲某平时卫生劳动都特积极,不管多脏多累的活儿他都乐意干。 曲某奶奶:一定协助老师,老师说的都是为孩子好,他的爸爸妈妈没时间,我们老两口年岁大,没有很多精力,能做口饭吃就不错了。											
原因分析及达成共识	曲某对学习没有兴趣,学习成绩不好,除了孩子自身的原因,还有来自于他的家庭对他的不当教育。父母的打骂,父母只顾挣钱,对他缺乏耐心的关爱。祖父母溺爱。还有来自于教师缺少对他的耐心教育以及对他的偏见。											
家长辅导过程	我们又通过电话找到他的妈妈,曲某妈妈表示把孩子送到辅导班,让辅导班的老师代管。											
教师观察记录	曲某缺乏家庭教育系统的支持,作为老师,我们只有尽我们最大的努力做好孩子的工作。											

心理健康教育教学活动备课记录表

提高小学高年级学生课堂注意力双边活动记录表一

授课班级	4.1	授课教师	李金芝	活动时间	2012年9月18日
活动主题	谁的速度快					
活动目标	1. 让学生初步懂得注意力集中是做好学习及其他工作的基本条件。 2. 教会学生从平时的生活小事训练注意力的方法。					
活动准备	小盆、绿豆、大米、红豆、麦粒、水、矿泉水瓶子、针线等					
活动过程	一、暖身活动,完成分组 活动:一元五角 1. 提前制作代币卡片,每张卡片上写着"一元"或"五角"。每个学生随机抽取一张卡片。 2. 教师下达指令:"两元!""三元五角!""一元五角!"等。学生立即按照规定的钱款数额,手持代币寻找伙伴,凑齐数额,不能多也不能少。凑齐后立即围成一圈,并且手拉手。而"落单者"则只好等待下一轮口令时再抓机会组合。 3. 如此活动几轮后,可视班级学生人数合理划分各小组,结束活动,同时完成活动分组。 二、比赛活动,锻炼注意力 1. 教师引导谈话:今天的活动是进行小组间比赛,"捡绿豆"比赛是全组学生参加,"倒水"比赛和"穿针"比赛活动中,每组选出代表参加。根据比赛成绩,给取得第1名的小组加20分,第2名的小组加10分……其它同学要注意观察比赛同学的动作、表情。 2. "拣绿豆"比赛。 (1)老师把大米粒、红豆、麦粒、绿豆混在一起,分成8份,每一份放在小盆分给各小组,老师下达指令"开始",各小组成员开始捡绿豆。看看哪个小组速度最快地分拣出绿豆。 (2)各小组成员分享自己小组捡绿豆时的分工情况。 (3)教师指导思考:怎样才能快速地捡绿豆?从中想到些什么? (4)教师与全班同学总结捡豆收获:分工合理,思想集中,才能最快完成所要完成的任务。 3. "倒水"比赛。 (1)各小组准备好一小盆水,三个空矿泉水瓶子。要求各小组指定一名小组成员参加比赛。将瓶里的水平均倒在三个空矿泉水瓶子里。看一看,那个小组速度快而且浪费的水最少。 (2)教师下达指令"开始",小组比赛开始。 (3)请倒水最好的成员谈谈自己倒水过程中心里是怎么想的? 怎样做的? (4)教师与同学们一起分享倒水收获:倒水不仅要有技巧,而且还要思想集中,才能最快完成任务。					

续表

	4. "穿针"比赛。 （1）每个小组分发十根缝衣针，一根缝衣线。由小组成员指定一名成员参加穿针比赛。原则上，参加倒水比赛的成员是不能参加穿针比赛的。 （2）教师公布比赛规则，在老师下达指令"开始"的时候，各小组的参赛队员迅速地把十根针穿在线上。最先穿好的为胜出者。 （3）小组比赛。 （4）教师引导同学谈穿针体验，并适时小结：当有其他声音影响时，能控制自己，不受干扰，思想集中在要干的事情上，这样才能把事情做好。 5. 统计各组最后总分，评出优胜组。 三、畅谈收获，感受注意力 1. 在你平时的学习生活中，你有这样集中注意力的感受吗？能说说你在干什么事时注意力很集中？注意力集中有什么好处？ 2. 教师总结。 集中注意力是我们搞好学习及其它工作的一个基本条件。如果你在学习时或上课时很容易受外界干扰，或有时虽然知道要集中注意，可就是控制不了自己，那么就请你从平时的生活小事做起训练注意力，这是一个很好的方法。课堂上我们进行的比赛都可以在家自己练习，只要坚持训练一个月，同学们的注意力一定能得到提高。
活动反思	调动学生的主观能动性，激发学生的参与性是我的课堂目标之一。活动的开头，我就用提问、学生齐答的形式，鼓起学生参与比赛的兴趣和取得胜利的信心。然后先给每组 100 分，这既便于后面记分，又是对学生一个很大的鼓励。比赛中给胜队加分，激发了学生的好胜心。

提高小学高年级学生课堂注意力双边活动记录表二

授课班级	4.1	授课教师	李金芝	活动时间	2012年10月16日
活动主题	约翰的胡子					
活动目标	1. 让学生懂得注意力集中是提高学习成绩及做好其他事情的重要保证。 2. 教会学生从平时的生活小事中训练注意力的方法。				
活动准备	让学生带一件自己最喜欢的物品、乒乓球拍、乒乓球。				
活动过程	一、暖身游戏，导入活动 1. 教师讲解游戏活动程序： 教师拍"一"次手。 全体学生双手摸头。 教师拍"两"次手。 全体学生双手摸膝盖。 教师拍"三"次手。 全体学生双手摸嘴。				

2. 当全体学生了解拍手和其动作之间的关系后,再拍"一""二""三"次手混和运用,直到全体成员安静为止。

3. 指名学生分享:请做对的学生分享做对的原因。

4. 教师小结:注意力集中地记住老师的指令,在心里多次默念并记牢拍"一"次手时双手摸头,拍"两"次手时双手摸膝盖,拍"三"次手时双手摸嘴。就不会出错。

二、观察物体,说特征

1. 让学生拿出自己提前准备好的最喜欢的物品,非常认真地观察这个物品一分钟。

2. 指名学生走上讲台,把他最喜欢的物品放在讲台上,这名学生背对着讲台,开始在全班同学面前复述出自己喜欢的物品有哪些特点。

3. 教师指一名学生记录该生复述物体的特征。

4. 全班讨论:为什么对自己喜欢物品的特征记得牢?

5. 教师小结:因为是自己喜欢的物品,所以会集中注意力观察并记牢它的特征。让我们一起来看故事——约翰的胡子。

三、看《约翰的胡子》的故事并讨论

约翰的胡子

约翰留胡子已有多年,忽然他准备把胡子剃掉,可是又有点犹豫:朋友、同事会怎么想,他们会不会取笑我?经过数天的深思熟虑,他终于下决心只留下小胡子。第二天上班时,他已有足够的心理准备来应付最糟的状况。结果出乎意料,没有人对他的改变有任何评价,大家匆匆忙忙来到办公室,紧紧张张地做着各自的事情。事实上,一直到中午休息时没有一个人说过一个字。

最后,他忍不住先问别人:"你觉得我这样子如何?"

对方一愣:"什么样子?"

"你没注意到我今天有点不一样吗?"

同事这才开始从头到脚打量他,最后终于有人嚷出:"噢!你留了八字胡。"

故事讲完之后讨论:

1. 什么是集中注意力?

2. 注意力集中对我们学习有什么好处?

3. 对感兴趣的事物你如何注意?

4. 小组讨论分享。

5. 教师小结:在自己的学习中,遇到自己感兴趣的事物,要学会及时抓住事物的特征,并把这些特征迅速地记住。

四、颠球比赛,集中注意力

1. 每组分发一个乒乓球拍,一个乒乓球,小组成员轮流颠球。

2. 全班成员分享颠球过程中的感受。

3. 教师小结:谁的思想集中,颠的球数量就多;谁持续性强谁就能坚持到最后,而是注意力一集中,我们就能更好地完成所要完成的任务了。

五、小组讨论

在自己的学习中会不会碰到注意力不集中的情况,你是怎样战胜这只拦路虎的呢?把你自己的绝招和同学说说。

	六、教师总结 注意是使知识进入"仓库"的大门。下决心去锻炼和提高自己的注意力,就好比找到了一把打开知识宝库的金钥匙。
活动反思	小孩子的注意力很难集中,而且持续时间短。他们的自我约束力不够。因此,有必要锻炼他们的注意力。注意力集中做事情才会事半功倍。课堂上,结合生活实际在对集中注意力有所认识后,进行更高层次的提高迁移,仍以学生喜爱的活动作为学生情感体验的铺垫,让每个学生在自身不同的心理基础上都能有不同程度的发展,在潜移默化中润物无声,学会比以前更集中注意力。

提高小学高年级学生课堂注意力双边活动记录表三

授课班级	4.1	授课教师	李金芝	活动时间	2012年11月27日
活动主题	老师头顶的蜜蜂				
活动目标	通过注意力训练培养小学生注意的稳定性和注意的广度。				
活动准备	制作PPT、录音机、小闹钟、玻璃球、小盆				
活动过程	一、热身游戏——听音活动 1. 游戏规则: 每位同学拿出事先准备好的闹钟,把闹钟放在桌前,做个深呼吸,集中注意力听钟的"滴答"声。教师一分钟计时。 2. 全班同学集中注意力倾听钟的"滴答"声。 3. 到一分钟时,教师喊"停"。各人汇报倾听的"滴答"声的次数。根据学生表现的情况,可以多听几次。 4. 分享倾听闹钟声的感受。 5. 教师小结:当我们集中精力认真倾听的时候,我们能清晰地倾听到钟的"滴答"声。 二、听故事,课堂讨论 1. 教师给学生放录音故事——老师头顶的蜜蜂,随机板书。 小刚和小红是同桌。在上数学课的时候,小红认真地听着老师说的每一句话,看着黑板上的每一道题,不时地在笔记本上记录。而小刚呢,虽然也想好好听课,但是一听到窗外有鸟叫声,就情不自禁地想看看这鸟长得什么样;一听外面有人大喊大叫,他就想知道发生什么事了;还不时地用手摸一下衣服兜里的乒乓球,想着一下课就马上去抢占乒乓球案子。突然,他见窗外飞进来一只小蜜蜂,在老师头顶舞来舞去的,那蜜蜂嗡嗡地跳着"8"字舞,可有意思了,他不由地笑出了声。老师看见了,要他站起来回答问题。这下他可傻了,老师讲什么他一点也没听进去,低着头,红着脸,紧张得不知所措。老师批评了他,然后要同桌的小红回答同一个问题。小红干净利落地回答了老师的提问。老师满意地笑了,然后对小刚说:"你可得好好向小红学习啊。"小刚惭愧地坐下了。				

续表

	2. 课堂讨论。 （1）小刚为什么回答不出老师的提问？小红为什么能回答老师的提问？ （2）小刚应该向小红学习什么？ （3）从这个故事中，你懂得了什么道理？ （4）教师小结：注意力集中才能做好每件事。 三、课堂游戏 1. 猜猜玻璃球的数量。 （1）教师演示：把很多个玻璃球放在桌子上，然后用小盆把玻璃球盖上，不让学生看见。这时，告诉学生要注意桌上玻璃球的数量，然后教师在很短的时间内出示一些玻璃球；让学生说出这些玻璃球的数目，并记录学生的回答，看他能说对几次。 （2）小组成员活动，每人轮流用小盆把玻璃球盖住，迅速出示一些小球，看小组其他成员谁的报数最快最准。 2. 听事物名称拍手活动。 （1）拍手规则：老师依次念一些事物名称（小猫、白菜、黄瓜、苹果、长颈鹿、西红柿、黄鱼、松树、蜻蜓等），学生听到动物名称拍一下手，听到植物名称拍两下手。 （2）一开始的时候，教师读事物名称的速度慢一些，根据学生熟练的情况，加快读事物名称的速度。 3. 全班分享：怎样做才能报数又快又准？怎样做才能拍手准确无误？ 4. 教师小结：排除杂念，注意力集中，才能做到又快又准。 四、课外作业 请你找一个闹钟，听它的滴答声，并伴随着闹钟的声音，在心中默念"滴答、滴答、滴答……"第 1 天念 10 个，第 2 天念 15 个，第 3 天念 20 个，第 4 天念 20 个以上，每天做 8 次，这样做 5~6 天就可以。
活动反思	以生动有趣的小故事表演，抓住集中注意力的主题，直观地对"老师头顶上的小蜜蜂"进行讨论，在讨论中进一步体会集中注意力的重要性，对集中注意力进行内化，变成自己的自觉行为。通过本课的学习，我们知道上课只有注意力集中，专心听讲，才能学到知识，提高学习成绩。注意的稳定性和广度经过训练是可以提高的。

提高小学高年级学生课堂注意力双边活动记录表四

授课班级	4.1	授课教师	李金芝	活动时间	2013 年 3 月 26 日
活动主题	小猫钓鱼				
活动目标	1. 通过轻松的游戏活动，使学生亲身体验，自己感悟，感受集中注意力的重要性，对学生进行适当的注意力训练。 2. 在游戏式的轻松氛围中，调节舒缓学习生活带来的紧张情绪，达到调节心情，放松心灵的目的。				

续表

活动准备	《小猫钓鱼》故事、积木、纸棒、儿歌"幸福拍手歌"
活动过程	一、热身游戏——传声筒 1. 教师告诉学生活动规则：全班同学按班级自然小组划分成四个组，小组成员纵列排好。由老师向排头同学耳语一句话，依次传下去。最后一名同学要把最后听到的话大声宣布，看与原话是否相符合。 2. 比赛哪个小组传话的速度又快又准。 二、反口令 1. 教师向学生说明游戏规则：注意听口令，做相反的动作，做错的同学不能继续参加比赛。 2. 选一名学生站在讲台当裁判员。 3. 教师下达指令：起立、向左转、往上看等。 4. 全班学生活动，根据情况，活动一直做到剩下位数不多的学生。 5. 请这些胜出者畅谈感受。根据学生回答，教师适当板书有关集中注意力的词语，如专心、集中精力、认真等。 三、顶纸棒 1. 说明游戏规则：把纸棒放在头顶上，保持不掉，走到规定的位置（画线表示起点和终点）。 2. 小组比赛。 3. 畅谈顶纸棒的感受。 4. 教师小结并适时板书：集中注意力。 四、学习《小猫钓鱼》的故事 1. 接下来，咱们一起来看看一个有趣的故事吧。（板书课题） 2. 学生观看《小猫钓鱼》故事。 小猫钓鱼 老猫和小猫一块儿在河边钓鱼。 一只蜻蜓飞来了。小猫看见了，放下钓鱼竿，就去捉蜻蜓。蜻蜓飞走了，小猫没捉着，空着手回到河边来。小猫一看，老猫钓了一条大鱼。 一只蝴蝶飞来了。小猫看见了，放下钓鱼竿，又去捉蝴蝶。蝴蝶飞走了，小猫又没捉着，空着手回到河边来。小猫一看，老猫又钓着了一条大鱼。 小猫说："真气人，我怎么一条小鱼也钓不着？" 老猫看了看小猫，说："钓鱼就钓鱼，不要这么三心二意的。一会儿捉蜻蜓，一会儿捉蝴蝶，怎么能钓着鱼呢？" 小猫听了老猫的话，就一心一意地钓鱼。 蜻蜓又飞来了，蝴蝶又飞来了，小猫就像没看见一样。不大一会儿，小猫也钓着了一条大鱼。 3. 学生讨论：小猫为什么没有钓到鱼？ 4. 小记者采访：小猫怎么钓不到鱼？ 5. 学生自由谈感受，教师根据学生发言适当板书，如三心二意、贪玩等。 6. 平时做哪些事情时注意力要特别集中？ 7. 小组讨论并表演《小猫钓鱼》的后半段（蝴蝶和蜻蜓又飞来了，可小猫始终专心、注意在钓鱼，终于也钓到鱼了）。

续表

	五、搭积木 1. 说明规则:把积木一块块往上堆,比比谁堆得高。 2. 男女各选一人比赛,限时半分钟。 3. 小记者采访赛后感言和成功方法。 六、联系实际谈谈集中注意力做事的感受。 七、全班学生围成一个大圈,在歌曲《幸福拍手歌》的旋律中一边拍手一边唱歌,唱完歌曲结束本课。
活动反思	课堂上创设轻松活泼的气氛,让学生在熟悉、愉快的歌声中或唱或跳,放松了心情。在课堂上,教师是学生的朋友,是学生中的一员,以学生喜闻乐见的游戏激起学习的热情。学生在课堂上亲身体验,自己感悟,在活动中增加心理体验。师同玩同乐同说,容易拉近与学生的距离。在融洽的气氛、在轻松的情境中走近学生的心,更容易自然地发挥教师的辅导作用。让学生在和谐、平等、民主的氛围中畅所欲言,展现真实想法,不着痕迹地引导学生从中发现自身在集中注意力方面的不足,体验集中注意力的重要性。

提高小学高年级学生课堂注意力双边活动记录表五

授课班级	4.1	授课教师	李金芝	活动时间	2013年4月23日
活动主题	这样上课效率高				
活动目标	1. 认知目标:通过游戏体验,使学生明白集中注意力的重要性。 2. 情感态度目标:在活动中使学生体验到集中注意力带来的愉快感和效率。 3. 技能目标:教会学生提高注意力的训练方法和技巧,使学生自觉养成在学习中集中注意力的习惯。				
活动准备	每人两张A4纸、每人一张口算题、PPT课件				
活动过程	一、"开火车"游戏 1. 跟着老师的节奏、方向拍手。老师的手在左边,你的手就往左边拍,老师的手在右边,你的手就往右边拍。你拍手的方向、节奏要和老师的手的方向一致。手往上伸,你就学火车的汽笛声"呜——",手往前下方伸,你就学火车放气的声音"咻——"。 做完一组后,教师播放有趣图片和声音进行干扰。 2. 采访做错的同学:你刚才节奏和方向做错了的原因是什么? 3. 采访做对的同学:恭喜你做对了,你刚才节奏和方向做对的原因是什么? 小结:看来只要专心了,就能把事情做对。 过渡:眼、耳、口、手、脑对我们的学习有什么影响呢?我们先来做个游戏。				

续表

二、一心二用

1. 分别画圆形和方形。先用右手画一个圆,再用左手画一个长方形,时间 20 秒。

2. 同时画圆形和方形。右手画圆,同时用左手画方,时间 20 秒。注意一定要同时画。

3. 比一比两次画的哪次画得好,你有什么感受?

师:同样的时间,同样的图形,同样的手,第一次画的要比第二次好,原因是什么?

小结:用心专注一件事比同时专注两件事的效果好。

三、心有引力

过渡:我们不仅要想方法集中注意力,还要把这些方法运用到平常的学习生活中,让我们能专心学习,享受学习。现在你有一个挑战,接受吗?

(一)明确目标,学会有目的的注意。

1. 现在我们来看一段文字,我们的目标是自己想办法来记住这段文字里出现的所有数字。看完之后告诉老师。

2. (幻灯片出示文字):天安门广场北起天安门,南至正阳门,东起历史博物馆,西至人民大会堂,南北长 880 米,东西宽 500 米,面积达 44 万平方米,可容纳 100 万人举行盛大集会,从 1949 年到 2008 年,一共举行过 13 次国庆阅兵。

3. 指名同学们要说出这段话里出现的所有数字。

4. 说说你是用什么方法记住这些数字的?

生:用笔记的。(手到)

生:用眼睛紧紧盯住屏幕。(眼到)

生:认真看,用心看。(脑到)

师补充:在看这段文字的时候,同学们都在默读,这是(口到);听清楚老师的要求,这是(耳到)。

5. 师小结:你们的方法很好。用笔在沙沙地记,做到了:手到。用眼仔细看做到了眼到。这些方法都有助于我们集中注意力,(板书:脑到、手到、眼到、耳到、口到)原来,只要这五个小士兵听从我们的指挥,就能集中我们的注意力。用好你们的这些小士兵,我们一起玩游戏挑战一下我们的五个小士兵。

(二)听报数字。

1. 我念一组数字,同学们要集中注意力听,然后重复我的数字。(学生重复后,幻灯片出示数字)

①2121080 ②138 2428 5518 ③137 6682 3420 ④321 432 543 654 ⑤001 446 559 883 ⑥197 580 642 371

(先用正常语速念七位数,接着念完整的一组数,最后加快语速念完整的一组数)

2. 学生听后立即报出来。

3. 请学生谈谈体会。你是怎样记得又快又准的?(学生回答)

4. 教师:大家竖着耳朵聚精会神地听,做到了耳到。你用口不停地读,来帮助记忆,做到了:口到。(板书:口到、耳到)你们做到了脑到、口到、手到、耳到、眼到这五到,就记得多,记得准。

(三)再次活动,通过两组在不同环境下的对比活动,让学生接受抗干扰能力训练。

	师:脑到,就是指做事要专心致志,但真正做到这一点并不容易,我们来做一做。 1. 明确活动规则: 老师发给每位同学一张口算纸,大家拿到以后等老师说:"开始",你就开始算,老师说:"停",你就放下手中的笔,否则就算无效,你们能做到吗?"开始"。时间2分钟。 2. 学生口算开始后,老师就开始播放动画片《喜羊羊与灰太狼片段》制造噪音,故意对学生造成干扰。观察学生的表现。 3. "停"算了几题?超过10道题的请举手,超过15题的请举手,请说出你的答案。没有做完的也不能再写了。(幻灯片出示题目) 4. 你们觉得自己算得快不快?说说是什么原因使你算得慢?你有什么话想说?(分心了,看动画片了……) 教师小结:刚才算题的时候,虽然有很多噪音,但老师发现有几个同学依然专心致志,不受干扰,这说明他们集中注意力的能力已经非常强了,能主动地去克服干扰了。 5. 第二组活动开始,老师发给每位同学一张口算纸,大家拿到以后等老师说:"开始",你就开始算,老师说:"停",你就放下手中的笔。时间也是2分钟。(营造安静的学习环境) 6. 分享:你有什么感受?说说算得快的原因吧?在两个不同的环境里你有什么不同的感受?(没有受到影响) 7. 对比:活动完成得好和不好的原因。(教师:当我们受到外界干扰和影响时,注意力就不容易集中,比较涣散,我们就会算得慢,错的多。当我们换了一个环境排除了干扰,注意力就会集中这时就会算得又对又快。)(幻灯片出示:排除干扰) 师小结:来自外界和我们本身的干扰有很多,关键在于我们如何去排除这些干扰,排除了这些干扰,我们的注意力就会集中,学习就会有效果。 四、心有收获 1. 师:通过今天的活动,你有什么收获? 生:我知道集中注意力要明确目标。 生:我知道集中注意力要牢记"五到"。 生:我知道集中注意力要排除干扰。 2. 师:是的,明确目标、牢记"五到"、克服干扰,这样的学生注意力一定非常专注。 五、作业延伸 集中注意力做一件对自己有挑战的事,比如:专心看完一本书,专心做完一次作业等。
活动反思	课堂上创设轻松活泼的气氛,让学生在欢快地游戏中放松了心情。在课堂上,我努力做到教师和学生是无话不说的朋友,用自己的热情感染学生的心情,引导孩子们亲身体验,自己感悟,在活动中增加心理体验。让学生在和谐、平等、民主的氛围中畅所欲言,坦现真实想法,不着痕迹地引导学生从中发现自身在集中注意力方面的不足,体验集中注意力的重要性。

提高小学高年级学生课堂注意力双边活动记录表六

授课班级	4.1	授课教师	李金芝	活动时间	2013年6月11日
活动主题	幸福的童年					
活动目标	1. 通过轻松的游戏活动及生动的多媒体课件,学生亲身体验,自己感悟,感受集中注意力的重要性。 2. 通过活动的训练,提高学生的注意力。 3. 探索培养学生注意力的途径,掌握一些提高注意力的方法。 4. 在游戏式的轻松氛围中,调节舒缓学习生活带来的紧张情绪,达到调节心情、放松心灵的目的。				
活动准备	歌曲《幸福的童年》、沙包、乒乓球拍、乒乓球				
活动过程	一、课前活动 播放《幸福的童年》,在活泼熟悉的歌声中,教师引导学生自由地或唱或跳。 二、活动体验 (一)导入:同学们,今天老师领着大家一起玩游戏好吗? (二)游戏——反口令 1. 说明游戏规则:注意听口令,做相反的动作,做错、做慢、不做的同学不能继续参加比赛。最后留下的人为获胜者。 2. 本次反口令的游戏规则跟上节课的不同,这一次我们进行的是小组比赛,全班学生根据自然小组划分成四个组,四个组之间进行比赛,看看游戏最后,哪个组剩下的成员多,哪个组就是第一名,其他组的名次以此类推。 3. 小组比赛。 4. 师生畅谈感受。 5. 教师小结:集中注意力持久的时间长度还与集体荣誉感及责任感有关,集体荣誉感和责任感越强的人,集中注意力的时间越持久。 (三)春种秋收 1. 教师引导语:我们只有将种子种到肥沃的土壤,才能有所收获。我们一起来看看谁能收获到劳动的成果。 2. 教师说明活动规则:学生手拿4个沙包,往前边跑边放入圆圈内(若掷出圈外为犯规);到终点后,返回,将沙包收起。最先完成的为获胜者。 3. 小组比赛。 4. 全班分享:为什么我比别人收成差?怎样做才能比别人的收成好? 5. 教师和学生一起总结关键词:认真听讲、做事专心、注意力集中。 三、感悟迁移 (一)运球游戏 1. 教师说明规则:用乒乓球拍平端着乒乓球,从一端运到另一端,再返回传给下一个学生。又快又稳完成者获胜。不准用手或衣服碰球,球掉下要从起点重来。 2. 小组比赛。 3. 畅谈感受:只要注意力集中,排除干扰,就能很好地完成任务。				

	续表
	（二）联系实际 说说平时做什么事情需要集中注意力的？ 教师引导全班分享体验，结合生活实际加以延伸，深化对集中注意力的切身体验，切实指导学生的生活。 （三）注意力体操 将魏书生的注意力体操"松、静、匀、乐"介绍给学生，身体放松，心情宁静、呼吸均匀、情绪快乐。 四、结束活动 在舒缓的音乐中结束活动。
活动反思	学生学习不专心是个令人头疼的问题。多数情况下并不是学生有意不想学习，而是不能较长时间集中自己的注意力所致。教师有针对性地对学生进行具体训练，就可培养学生的注意力，提高学生的学习能力。 　　每次心理健康课，我都创设轻松活泼的气氛，放松身心，使学生在自由愉快的情绪中进入活动，因为抓住学生喜欢玩游戏的心理，能够消除学生的紧张心理，在没有任何心理压力的情绪中进入活动，有利于课堂上的沟通和交流。 　　不过，一两次训练不会让学生养成习惯，必须多次训练才能达到预期效果。

注意力训练听课观课(教学理念与课堂气氛)评价表

注意力训练听课观课(教学理念与课堂气氛)评价一

时 间	2012.11.7 星期三	地 点	西关小学	班级	4.1
任课教师	吕艳玲	课程名称	那片绿绿的爬山虎		
教学理念与课堂气氛					

《那片绿绿的爬山虎》一课通过作家在1992年为了纪念叶圣陶先生写的回忆文章,回忆1963年叶圣陶先生给"我"批改作文,并请"我"到他家做客,使"我"受益匪浅的成长经历,表现了叶圣陶对文一丝不苟、对人平易真诚,堪称楷模的文品和人品。

吕艳玲老师上的这堂课能抓住课文的重点和难点,通过正确,流利,有感情地朗读课文,指导学生在读中感悟,在读中理解,在理解的基础上感受叶圣陶的认真、平和。

新课标指出,语文课要注重课堂师生的对话,生生对话,以情促读,读中感悟。《那片绿绿的爬山虎》这是一篇以阅读为主的课文。根据语言的特点,吕老师注意营造以读为本的学习氛围,给学生充足的朗读课文的时间,让读贯穿整堂课。课的开始就让同学们自由地朗读课文,了解课文的主要内容;再通过读引导学生找出表达课文思想内容的重点语句段落,即找出描写爬山虎的语句,以读用心理解其深刻含义;最后抓住叶老为我修改作文的语句,用心品读这些重点句段,体会叶老的一丝不苟和平和。

吕老师在指导朗读时,采用层层递进的方式,不断给学生加以引导:"'我'跟叶老之间发生了什么事?""修改前和修改后有什么不一样?""从修改中,看出叶老是个怎么样的人?"这样指导学生在读中理解内容,体会情感。

吕老师的这课堂中,教师还是主导整个课堂,学生的自主、合作、探究这些新理念没有突显出来。这也恰恰是她的语文课抓不住小学生课堂注意力的原因。老师在课堂上拼命地讲,学生因为年龄小的缘故,不能很好地控制自己的注意力,所以,部分注意力差的学生认为老师的单边讲课是老师的事情,与自己无关。而我们的课堂就要学会随时随地调控学生的注意力,就要不断地改变课堂的节奏。这也正是我们老师不断改进的环节。

注意力训练听课观课(教学理念与课堂气氛)评价二

时 间	2013.4.10 星期三	地 点	西关小学	班级	4.1
任课教师	吕艳玲	课程名称		草原	
教学理念与课堂气氛	\multicolumn{5}{l	}{新课程标准中非常重视学生的课堂主体地位。新课标对教师的教学也提出了更高的要求,要求教师在课堂上能引导学生自主探索,并适时地进行研究性的学习。新课程标准对语文教学非常重视朗读的训练,要求以读为本,以读代讲。经过一个学期的调整,吕老师的课堂有了很大的改观,首先她为了激发学生的兴趣,创设情境让学生如临其境感受草原美。其次,她学会了调理学生的思路,教学中,通过分析、引导学生抓住字、词、句的内在联系,引导学生学会由表及里地思考问题。 　　吕老师本身就有着很强的读书能力,因此在这个学期她重点教给学生读书的方法:抓住关键词句,理解课文;品读精彩语段,说出自己见解;大声朗读课文,体会作者的感情。这种语文教学的思路充分地体现以学生为主体、以读为本的教学思想,营造一个民主、宽松、和谐的学习环境,全体学生在积极地参与、主动读书、自觉感悟、主动发展。 　　尤其是吕老师布置了这样用自己喜欢的方式读课文,然后讨论,你认为哪句话最美?理由是什么?全班学生学习的兴趣高涨。仔细品读课文,尝试大胆说出自己的体会和收获这两个问题最能体现教师主导、学生自主的课堂教学方式,这也是学生所乐意接受的。}

注意力训练听课观课(教学理念与课堂气氛)评价三

时 间	2012.10.17 星期三	地 点	西关小学	班级	4.1
任课教师	张伟	课程名称		航海家的发现	
教学理念与课堂气氛	\multicolumn{5}{l	}{　　本课是《我们的家园——地球》单元里的第一课,本课主要让学生对地球的形状有一个总体的认识。地球是圆的,但人类是如何发现地球是圆的,从古到今经历了怎样的一个认识过程,这是学生不太了解的。所以本课以此为切入点展开探究活动,使学生了解人类对地球的探索历史,由猜想到实地勘察再到运用现代技术准确测绘,才使得我们对地球的形状、大小等概貌有了越来越准确的认识。在这一过程中,人类为此进行了极其艰辛的努力,甚至付出了宝贵的生命。从而使学生了解人类认识地球所做的努力,认识到科学是不断发展的。 　　四年级学生正是活泼好动、求知欲比较旺盛、想象力很丰富的年龄段。他们第一次从科学的角度认识我们生存的环境——地球,无疑激发了学生对地球科学学习的极大兴趣。本节教学从学生的心理发展规律出发,通过搜集资料、课堂实验、视频呈现、拓展思维等课堂活动,可以极大地调动了学生参与自主学习的积极性,形成了积极思考、主动探究、团结协作的课堂学习氛围。}

注意力训练听课观课(教学理念与课堂气氛)评价四

时 间	2013.4.10 星期三	地 点	西关小学	班级	4.1
任课教师	张伟	课程名称	密切联系的生物界		
教学理念与课堂气氛	科学课程要面向全体学生,学生是科学学习的主体,学习科学是他们主动参与和能动的过程。科学学习要以探究为核心,科学课程的内容应选择贴近儿童生活的,用丰富多彩的亲历活动充实教学过程,让探究成为科学学习的主要方式。在导入环节,张老师利用学生喜爱的"猜谜语"为切入点,让学生找生活中的生物之间的食物关系,自然而然的引入到本课探究的主题上来。这就体现了科学知识的学习是在学生已有知识经验的基础上建构的。 　　第二个环节是探究食物链与食物网,这是整节课的教学重点,张老师为学生展现了一幅草原生态图,让学生尽量多的找出其中的食物链。在学生汇报探究结果的时候,张老师又提出疑问,并用虚线将疑问的生物连接,告诉学生课下去查阅资料找答案。这样不仅留了悬念,也可以让学生课下继续研究。 　　整个课堂学生成了真正的主体,老师的引导作用也只是适时出现。不怕课堂乱,就怕课堂静,这是张伟说的一句话。张伟老师的这个教学理念恰恰体现了新课程标准中的科学课程要真正的面向全体学生。				

注意力训练听课观课(教学理念与课堂气氛)评价五

时 间	2012.10.18 星期四	地 点	西关小学	班级	4.1
任课教师	曾洁	课程名称	小数的意义		
教学理念与课堂气氛	新课程数学标准指出:学生的数学学习应当是一个生动活泼、富有个性的过程,要让学生经历数学知识的形成过程。在这堂课上,曾洁老师注重让学生经历探究与发现的过程,他们在动手、动脑、动口中理解知识,掌握方法,学会思考,获得积极的情感体验。 　　根据小学生的特点,曾老师在课堂上运用多种手段,提高了教学的实效。 　　本节课是青岛版小学数学四年级上册的内容,是建立在三年级《小数的初步认识》基础上学习的,三年级《小数的初步认识》这一节课中,小数的产生的教学,结合学生熟悉的日常生活,借助具体的数量,教学以直观形象为主。本节课教师的目标定位应该是让学生真正理解小数的意义,而不仅仅是生活中的小数是如何产生的。 　　印象很深的是,教师借助一张正方形的纸这一随手拈来就可用的教具,实现了学生对小数的认识从直观形象到抽象理解的顺利过渡。 　　本节课中,从引入课题、讲授新课到反馈练习,大部分内容制成多媒体课件,直观、形象、动态地展现知识的形成过程,刺激学生的感官,启迪学生思维,增大了课堂容量,大大提高了课堂效率。同时,本节课又注重了常规教学手段的运用,给学生做了提纲挈领的作用。				

注意力训练听课观课(教学理念与课堂气氛)评价六

时 间	2013.3.27 星期三	地 点	西关小学	班级	4.1
任课教师	曾洁	课程名称	平行四边形的面积		
教学理念与课堂气氛	\multicolumn{5}{l}{　　义务教育阶段的数学课程,其基本出发点是促进学生全面、持续、和谐地发展。它不仅要考虑数学自身的特点,更应遵循学生学习数学的心理规律,强调从学生已有的生活经验出发,让学生亲身经历将实际问题抽象成数学模型并进行解释与应用的过程,进而使学生获得对数学理解的同时,在思维能力、情感态度与价值观等多方面得到进步和发展。 　　在这样的教学理念下,我们又一次听取了曾老师的数学课,经过一个学期的课堂结构调整,曾老师的课有了很大的改观,首先在她的意识里学生在学习过程中不再是被动的,是整个学习过程的主体,而教师只是学习的主导者。在她的课堂上,学生之间为真理的争论、质疑让人感觉数学课就应该是这样的,在思想的碰撞中理顺,在动手操作中柳暗花明又一村。 　　学生的主动把课堂推向了一个又一个高潮,激发出一个又一个思想的火花。看到这样激情澎湃的学生,有谁不喜欢这样的老师?有谁不喜欢这样的数学课堂?}				

注意力训练听课观课(教学理念与课堂气氛)评价七

时 间	2012.10.18 星期四	地 点	西关小学	班级	4.1
任课教师	李华	课程名称	What's your favourite subject?		
教学理念与课堂气氛	\multicolumn{5}{l}{　　英语课程要面向全体学生,注重素质教育。课程特别强调要关注每个学生的情感,激发他们学习英语的兴趣。突出学生主体,尊重个体差异。在这样的学科教学理念下,我们听取了李华老师的英语课,说心里话,从知识层次上,好长时间没有接触英语,感觉听得很吃力。我们重点从老师的说课,学生的听讲来评判。 　　课堂上,李华老师能够熟练地运用多媒体教学,增强了学生学习英语的兴趣,也能够运用简单的口语教学,促使学生能够在语境中体会英语语言之美。教师还自己制作了简笔画卡片、单词卡片,让学生抢答,课堂气氛很活跃,对新课中的重点句型运用传话的游戏,不但让学生练说,而且通过游戏激发了学生的学习兴趣,符合新课程标准下的英语教学的主题:在轻松愉悦的情境中学习语言。}				

注意力训练听课观课(教学理念与课堂气氛)评价八

时　间	2013.5.23 星期四	地　点	西关小学	班　级	4.1
任课教师	李华	课程名称	Family Lesson 4 Again, Please!		
教学理念与课堂气氛	\multicolumn{5}{l}{　　小学英语新课程标准指出:要关注每个学生的情感,激发他们学习英语的兴趣,帮助他们建立起学习的成就感和自信心,使他们在学习过程中发展综合语言运用能力。李华老师的这节课最值得我们学习的是老师特别重视学的过程,在新语言学习后要学生运用新语言之前,总是由老师进行新语言运用的展示,让学生看到、听到,如何运用刚刚所学的语言完成相应的表达。 　　课堂上,李老师通过形式多样、趣味性强的活动,激发学生学习英语的热情,提高他们对语言的综合运用能力。课堂气氛还是比较热烈的。}				

注意力训练听课观课(教学机智与教态)评价表

注意力训练听课观课(教学机智与教态)评价一

时间	2012.11.7 星期三	地点	西关小学	班级	4.1
任课教师	吕艳玲	课程名称	那片绿绿的爬山虎		
教学机智与教态	\multicolumn{5}{l}{　　吕艳玲老师有着良好的教学基本功,寥寥数笔就能绘画出那片绿绿的爬山虎的简笔画,这个基本功的展示一下子把学生吸引住了,在上课伊始,学生听讲得很认真,有助于帮助学生更好地理解课文内容。 　　吕老师的朗读基本功可以说是很优雅的,加上她有弹钢琴的艺术功底,在课堂上指导朗读自然到位,语言积累扎实。在课堂上非常注重教学基本功:引导学生说完整的话,落实解词方法,注重培养学生的朗读能力等。 　　能体现教师的教学机智的是吕老师引导学生学习第七自然段的时候。有这样几个主要环节:肖复兴笔下的爬山虎给你怎样的感觉呢?抓关键词:绿葱葱。在这个问题的基础上,教师接着引导:那么作者仅仅是在描写爬山虎的美、绿吗?这个提问让全班同学陷入了沉思。同学们,试着想一想,一个普普通通的中学生肖复兴,被鼎鼎大名的作家叶圣陶邀请到家做客,此时此刻,他就站在大作家的院里,他的内心会是怎样的?学生由此被激发,从这些写景的句子中体会出:非常激动、非常高兴、特别自豪。这段描写爬山虎的文字恰恰反映了肖复兴内心复杂的情感。 　　吕老师有着多年的教学经验,她的教学机智与教学态度还是很让人折服的。}

注意力训练听课观课(教学机智与教态)评价二

时间	2013.4.10 星期三	地点	西关小学	班级	4.1
任课教师	吕艳玲	课程名称	草原		
教学机智与教态	\multicolumn{5}{l}{　　吕艳玲老师习惯在课堂上用简笔画画出草原及草原的牛羊等,这个基本功的展示一下子把学生吸引住了。吕老师的朗读基本功可以说是独树一帜,在课堂上指导朗读自然到位,语言积累扎实。这个学期她的教学思路更清晰:抓住关键词句,理解课文;品读精彩语段,说出自己见解;朗读课文,体会作者的感情。 　　能体现教师的教学机智的是吕老师先引导学生学习"既想高歌一曲,又想低吟一首奇丽的小诗"这一句,吕老师即兴唱了几句腾格尔的歌,嗬,我还是第一次发现吕老师多才多艺,她让学生说说自己唱的歌中哪句是高歌一曲?哪句是低吟?一下子把课堂的气氛调动了起来,就连我都感到热血沸腾。学生也一下子找到了作者初到草原的不同感受,学生主动举手体验回答老舍先生的感受。课堂的气氛一下子活跃起来。}

注意力训练听课观课(教学机智与教态)评价三

时　　间	2012.10.17 星期三	地　　点	西关小学	班级	4.1
任课教师	张伟	课程名称	航海家的发现		
教学机智与教态	\multicolumn{5}{l}{　　张伟老师是一个教学踏实、对问题喜欢问个为什么的老师,他执教科学课符合他的性格特点。在授课之前,他为授课做了大量的工作,因此在课堂上,他的知识总是信手拈来,仿佛他就是一个知识大百科,对学生的提问总是自信满满。但是他又不居高临下,对学生的提问不厌其烦,像是学生的大哥哥。这在平时也能看出来,学生总是喜欢上张伟老师的科学课。在他的引领下,学生爱上了科学。 　　当教师讲到有关地球的周长有多长的时候,多媒体展示了这样一段文字——"地球是一个很大的球体,半径约为 6400 千米,用带子围着地球绕一圈,这条带子要有 4 万千米长。若乘坐每小时飞行 800 千米的飞机绕地球一圈,要连续飞行 50 个小时。"有学生问:"老师,如果是火车绕地球一周,需要几个小时?"对于学生的突如其来地发岔,教师没有不理睬,反而饶有兴趣地说:"要不,我们大家一起算算?"教师的一句回答,激起学生的千层浪花,不但学习的兴致提高了,而且老师机智地回答,也恰恰体现了教师对新课程标准中让学生成为科学课堂的主人翁地位的理解与应用。}

注意力训练听课观课(教学机智与教态)评价四

时　　间	2013.4.10 星期三	地　　点	西关小学	班级	4.1
任课教师	张伟	课程名称	密切联系的生物界		
教学机智与教态	\multicolumn{5}{l}{　　科学课的教学中应注意对学生提出具有发散性问题的训练,作为科学课程学习主体的小学生才会产生学习的激情和盎然的兴趣。教师要鼓励学生大胆猜想,对一个问题的结果作多种假设和预测。注意指导学生自己得出结论,教师不要把自己的意见强加给学生。在这个探究性的过程中,教师必须尊重学生的意愿,以开放的观念和心态,为他们营造一个宽松、和谐、民主、融洽的学习环境。 　　张伟老师在领着学生演一演生物之间的食物关系时,提出了除去食物网中的一种生物,其他的生物能形成食物链吗? 其他生物有多少种受到了影响? 这一活动说明食物网中每种生物有什么重要性? 引导学生谈体会和感受。学生在汇报中,有个学生说:"老师,大自然的生物是物竞天择,适者生存。如果缺少了一种生物,其他的生物会有两种结果,一种是死掉,另一种结果是有些生物找到了新的可以生存的食物链,就会活下来。"哇,真不可小瞧了学生,我真替张伟捏了一把汗,谁知张伟老师却说:"让我们回家查查资料,每一次强大的自然灾害过后,会有哪些生物能存活? 他们的形态会发生什么样的变化? 这种变化就是进化,人类就是这样一步步征服者大自然的。"张伟老师的延伸,既给学生留有探索学习的空间,又巧妙地化解了课堂即将出现的尴尬。}

注意力训练听课观课(教学机智与教态)评价五

时 间	2012.10.18 星期四	地 点	西关小学	班 级	4.1
任课教师	曾洁	课程名称	小数的意义		
教学机智与教态	本节课,曾老师围绕"小数的意义"的理解这一总目标,每一环节都有清晰的小目标,各环节目标层层深入。同时,曾老师还兼顾了小学生认知目标的差异,使学生在原有的认知基础上得到提升。曾老师不是单一地就小数的意义教授小数的意义,将小数的产生,小数与整数的关系,计数单位之间的进率,小数的性质、简单的小数加减法等知识串联起来,起到承前启后的作用,体现了数学整体性,使学生形成一个完整的认知体系。 　　数学是一个相对枯燥的学科,但是曾老师在开课初,提出了这样的问题:"通过预习,今天学习小数的哪些知识?"简简单单的一个问题,让学生成了本节课的学习主体,也让学生自己明白了本课的学习重点是什么。 　　在课堂上,曾老师给学生们分了小组,班级呈现出了以小组合作的形式来组织教学,体现了"自主探索、合作交流、实践创新"的数学学习方式,培养了学生互相合作交流的意识,充分调动了学生的主人翁地位,既提高了学生的学习兴趣,又培养了学生的学习能力,取得了明显的效果。教师是旁观者,也是观察员。曾教师在本堂课成了学生自主学习的引导者。				

注意力训练听课观课(教学机智与教态)评价六

时 间	2013.3.27 星期三	地 点	西关小学	班 级	4.1
任课教师	曾洁	课程名称	平行四边形的面积		
教学机智与教态	教师的教态比较自然大方,数学语言较简练到位,教学层次比较清晰,有创新,总体感觉比较好。 　　无论哪个学科,学生都是学习的主人,教师是学习的组织者、引导者与合作者。在探究平行四边形的面积公式这一环节时,曾老师给学生提供了充足的时间和空间,让学生采用动手实践、合作学习的学习方式去自主发现平行四边形的面积计算公式。在共同操作中,学生积极动手、动脑,从不同角度思考,将平行四边形转化成一个长方形,并通过观察讨论,发现了长方形与平行四边形之间的关系。把一个不规则的图形转化成了长方形,顺理成章地引出了平行四边形的面积公式,给学生提供了一种直观的平行四边形面积形成的原理。				

注意力训练听课观课(教学机智与教态)评价七

时 间	2012.10.18 星期四	地 点	西关小学	班级	4.1
任课教师	李华	课程名称	What's your favourite subject?		
教学机智与教态	李华老师教学声音响亮,能够全面关注学生的学习,教学专业口语表达熟练,与学生对话亲切自然。教学活动的设计方式多样,有全班活动、小组活动、同桌活动等,在活动中突破难点,在活动中发展了能力,教师的机智体现在把本课的重点句型 What' your favorite subject? It's English maths. / science / computer. 引导学生在练习本上编写成对话这一环节,不仅锻炼了学生操练语言的能力,而且兼顾了锻炼学生书写的能力。 本课能贯彻以学生为中心的原则,关注教学过程,尽可能发挥学生的主体作用,让学生真实地去感受知识,体验知识,积极参与,努力实践。				

注意力训练听课观课(教学机智与教态)评价八

时 间	2013.5.23 星期四	地 点	西关小学	班级	4.1
任课教师	李华	课程名称	Family Lesson 4 Again, Please!		
教学机智与教态	李华老师的亲和力很不错。教态自然,有较强的组织能力,能够熟练运用多媒体。 这堂课中的传话练习中,有一个组因为一名学生传错了,其他同学都在埋怨这名同学时,李老师走过去告诉这个小组的其他成员说,集体的力量很大,如果一开始练习句型的时候,大家多帮他纠正口语句型,他就不会出错了。你们觉得埋怨他一个人对吗?李老师巧妙地化解了那个回答错的学生的尴尬处境,也点出了同学之间要互相帮助的道理。 李老师在写黑板时一边写语句一边慢慢读,让学生形成很好的多种记忆渠道。这对于小学,尤其是农村小学的英语教学,是非常值得提倡的,边听边看,可以形成有效的学习方法。				

注意力训练听课观课(课堂时间分配)评价表

注意力训练听课观课(课堂时间分配)评价一

时 间	2012.11.7 星期三	地 点	西关小学	班 级	4.1
任课教师	吕艳玲	课程名称	那片绿绿的爬山虎		

课堂时间分配	教师讲授	谈话导入,揭示课题 5 分钟。引导学生读课文,学生思考课文主要写了"我"和叶老之间的几件事,用了 10 分钟。品读课文,感悟作者肖复兴内心世界:看到修改稿后为什么会愣住呢?这一片绿绿的爬山虎美吗?透过这美丽的爬山虎,同学们能体会到当时肖复兴的心情吗?你从哪些词句中读出来的?"我"为什么这么高兴、激动。这一系列的问题恰恰引导学生主题靠近了肖复兴的内心世界,这个过程用时 20 分钟。在总结课文,回归课文主题的过程,教师用 5 分钟。
	学生思考	读课文第三自然段中,教师抛出了一个问题:作者看到修改稿后为什么会愣住呢?老师出示叶圣陶先生给肖复兴同学的那篇修改稿,告诉学生体会肖复兴当时的心情。同学们,你看了以后有什么想说的呢? 在学完了课文,总结课文阶段,老师又抛出一个让学生思考的问题:你知道课文为什么要用"那片绿绿的爬山虎"为题了吗? 学生思考的时间大约共有 3 分钟。
	师生交流	学生自由初读课文后,交流读了课文之后有什么收获,或者说有什么想法,跟大家分享感受。 指名读课文中的生字新词。学生回答了四个大问题:课文主要写了"我"和叶老之间的几件事?作者看到修改稿后为什么会愣住?同学们看到了叶老先生给肖复兴的修改稿后有什么想说的?课文为什么要用"那片绿绿的爬山虎"为题? 逐个站起来回答问题的共有 14 名学生,师生交流大约用时 25 分钟。在这期间老师说的较多,学生说的较少。基本上是老师领着学生按自己的思路进行。其中,学生发言用时总和也就是 10 分钟吧。
	学生练习	学生练习读词语,大约有 1 分钟。
	自主整理	老师给出了"请大家再找一找,叶老先生还为作者改了哪些地方呢?"的问题,学生自己默读课文,用笔在课文相关句子的旁边做标记。大约用时 2 分钟。

注意力训练听课观课(课堂时间分配)评价二

时 间	2013.4.10 星期三	地 点	西关小学	班级	4.1
任课教师	吕艳玲	课程名称		草原	

课堂时间分配	教师讲授	吕艳玲老师教学《草原》一课的是第二课时,在上课的一开始,就让学生自读课文,整体感受课文,用时3分钟。 　　复习背诵课文第一小节,用时5分钟。 　　在新授课的过程中,老师用时20分钟,主要解决了以下问题:本文除了让我们领略了神奇秀美的草原风光,还写了什么?把你认为写得精彩的语句划出来,多读几遍,写上批注。遇到读不懂的地方做上记号。思考老舍先生为什么这样写?用自己的话说说"蒙汉情深何忍别,天涯碧草话斜阳"的意思。 　　吕老师还用10分钟的时间让学生展开想象,进行练笔训练:具体写写"蒙汉情深何忍别,天涯碧草话斜阳"这两句诗所描绘的情境。题目自拟。 　　教师用2分钟的时间总结并结束课堂。
	学生思考	学生自读课文,整体感受课文,用时3分钟。 　　复习背诵课文第一小节,用时5分钟。 　　在新授课堂中,学生思考本文还写了什么,把你认为写得精彩的语句划出来,多读几遍,写上批注。遇到读不懂的地方做上记号。老舍先生为什么这样写?用自己的话说说"蒙汉情深何忍别,天涯碧草话斜阳"的意思。这几个问题的思考时间为7分钟。
	师生交流	本文除了让我们领略了神奇秀美的草原风光,还写了什么?把你认为写得精彩的语句划出来,多读几遍,写上批注。遇到读不懂的地方做上记号。思考老舍先生为什么这样写?用自己的话说说"蒙汉情深何忍别,天涯碧草话斜阳"的意思。这几个问题的师生交流时间共计20分钟。
	学生练习	吕老师还用10分钟的时间让学生展开想象,进行练笔训练:具体写写"蒙汉情深何忍别,天涯碧草话斜阳"这两句诗所描绘的情境。题目自拟。
	自主整理	初读课文时间8分钟,包括以下内容:学生思考本文还写了什么,把你认为写得精彩的语句划出来,多读几遍,写上批注,遇到读不懂的地方做上记号。老舍先生为什么这样写?用自己的话说说"蒙汉情深何忍别,天涯碧草话斜阳"的意思。这几个问题的思考时间为7分钟,练笔时间10分钟,学生自主时间为25分钟。

注意力训练听课观课(课堂时间分配)评价三

时　　间	2012.10.17 星期三	地　　点	西关小学	班级	4.1
任课教师	张伟	课程名称	航海家的发现		

课堂时间分配	教师讲授	导入新课的过程中,教师提出问题:地球是什么形状的,你是从哪里知道的,用时1分钟。交流古人对地球形状的认识,用时2分钟。 　　交流古人是怎样证实大地是球体的、月食现象、出示月食的视频、播放麦哲伦航海的视频、交流现代人对地球的认识,用时10分钟。回顾总结用时2分钟。激励拓展用时1分钟。
	学生思考	教师引导学生讨论交流古人获取了哪些证据,并根据证据展开探究活动。用时3分钟。
	师生交流	教师提出问题:月食发生时,谁的影子投在月亮上?影子的边缘是什么形状的?这说明了什么?讨论交流月食时地球的影子遮住月亮,被遮住部分的边缘是圆形的,地球的影子是圆形的,得出"大地可能是球形"的结论。用时5分钟。 　　讨论交流麦哲伦以他的生命证实了大地是球形的。用时3分钟。
	学生练习	教师引导学生在画了麦哲伦航线的地球仪上模拟航海,一起来做小航海家,重温麦哲伦船长伟大的发现之旅。用时5分钟。
	自主整理	在古船进港活动中,设计对比实验,模拟探究船入港时先见到桅杆,再见到船体,学生讨论交流实验方案;小组合作根据实验方案进行模拟实验;自我填写实验记录;小组汇报交流实验结果。用时10分钟。

注意力训练听课观课(课堂时间分配)评价四

时　　间	2013.4.10 星期三	地　　点	西关小学	班级	4.1
任课教师	张伟	课程名称	密切联系的生物界			

课堂时间分配	教师讲授	导入环节用时3分钟,导入环节简洁高效,看得出激发了孩子的探究兴趣。分组研究食物关系的共同点,归纳出食物链的概念,用时5分钟。分组观察食物链的多样性,从而建立食物网的概念。用时5分钟。
	学生思考	研究食物关系的共同点,归纳出食物链的概念。用时5分钟。

续表

课堂时间分配	师生交流	通过分析,得出食物链的结论,用时2分钟。让学生进一步认识到保护生态平衡的重要性,也更加充分的明确自己保护生态平衡的责任。
	学生练习	学生演绎生物之间的食物关系,用时2分钟;当一种生物消失,会破坏生态平衡,用时3分钟;通过让学生演一演食物链,体会假如有一个环节出问题,整个食物链受到破坏,导致生态不平衡,进而对学生进行情感教育,呼吁人们保护环境,爱护家园。出示资料卡,让学生猜想,用时2分钟。
	自主整理	讨论动植物之间的食物关系,用时12分钟。探究用什么符号表示这种食物关系,用时3分钟。分组观察食物链的多样性,从而建立食物网的概念,用时5分钟。

注意力训练听课观课(课堂时间分配)评价五

时间	2012.10.18 星期四	地点	西关小学	班级	4.1
任课教师	曾洁	课程名称	小数的意义		
课堂时间分配	教师讲授	课前谈话,引出单位一、十、百等概念,用时2分钟。接着老师提问"如果我想把1000缩小到原数的十分之一是多少"的问题,引出小数,用时3分钟。新课教学中,理解小数的意义是重点,教师用时20分钟。具体时间分配是这样的:理解一位小数以及计数单位十分之一,用时6分钟。教学二位小数0.01以及计数单位百分之一,用时7分钟。教师小结一位小数和两位小数,用时2分钟。教学三位小数0.001以及计数单位千分之一,用时4分钟。教师小结,用时1分钟。			
	学生思考	课堂小结,思考并回答今天学会了哪些知识,用时2分钟。			
	师生交流	巩固练习,订正答案,用时5分钟。			
	学生练习	巩固练习,用时8分钟(包括:判断、书本练一练、教师在课件上出示了很多不同类型的题、你能在数轴上找到下列小数吗。)			
	自主整理	练习题:你能在数轴上找到下列小数吗?(1.5 0.5 0.6 1.3 4.7)。在这个问题的处理上,曾老师让学生自主整理自己的思路,同位之间互相说一说是怎么找的,尤其是两位小数的,说一说这个两位小数在哪两个一位小数之间,怎么找到?这个过程用时2分钟。			

注意力训练听课观课(课堂时间分配)评价六

时间	2013.3.27 星期三	地点	西关小学	班级	4.1
任课教师	曾洁	课程名称		平行四边形的面积	

课堂时间分配	教师讲授	上课一开始,教师出示一个缺了一个角的长方形,旁边多一个角,引导学生思考,用时3分钟。 　　老师出示长方形,平行四边形的卡片,问:如果想知道哪张贺卡的面积大些?该怎么办呢?同学们有什么好方法?用时5分钟。 　　教师引领回顾剪拼平行四边形的过程,用时3分钟。推算长方形的面积及小结,用时10分钟。
	学生思考	验证猜想的环节,学生利用准备好的平行四边形和剪刀,通过剪,拼等方法把一个平行四边形转化成自己会计算面积的图形。小组活动、汇报,用时6分钟。
	师生交流	每一个环节的总结、板书,都是师生非常默契的呼应交流中完成,共用时6分钟。
	学生练习	分层练习,包括基本练习、变式练习,共用时8分钟。
	自主整理	小组成员探讨了三个问题:所拼出的长方形与原来的平行四边形相比,面积变了没有?所拼出的长方形的长与原来的平行四边形的底有什么关系?所拼出的长方形的宽与原来的平行四边形的高有什么关系?小组成员探讨共用时4分钟。

注意力训练听课观课(课堂时间分配)评价七

时间	2012.10.18 星期四	地点	西关小学	班级	4.1
任课教师	李华	课程名称		What's your favourite subject?	

课堂时间分配	教师讲授	教师通过各种形式讲授句型 What's your favorite subject? It's English maths / science / computer. 用时10分钟。
	学生思考	无
	师生交流	课件快速闪现科目类单词:Chinese、music、art、PE。学生边看边快速举起自己的相应课本,大声读出单词,进行抢答。将学科图片集中出示在大屏幕上,齐读,后问学生:What subjects do we have this morning / afternoon? 生答:We have art/ music /PE / Chinese. 师又问:Do you like Chinese? 生回答 Yes, I do. 或 No, I don't.

续表

| 课堂时间分配 | 学生练习 | 教师走下讲台,指着课前摆放在课桌上的课本,教师拿起英语书说:I like English. My favourite subject is English. 出示英语书学习单词 English. 学习单词 favourite. 后转向学生问:What's your favourite subject? 师领读。师生交流的时间较长,大约 13 分钟。

第二遍听录音后,回答问题,完成调查表格 What's your favourite subject, Jenny/Li Ming/Wang Hong/Guo Yang/Tom? 师问生,生讨论后,分角色进行回答。

| Subject\Name | Maths | Chinese | English | science | Computer |
\|---\|---\|---\|---\|---\|---\|
\| Jenny \| \| \| \| \| \|
\| Li Ming \| \| \| \| \| \|
\| Guo Yang \| \| \| \| \| \|
\| Wang Hong \| \| \| \| \| \|
\| Tom \| \| \| \| \| \|

以表格的形式出现更简单、直观。同时也是把 Let's do 的内容进行整合利用。将学习难度降低。这段时间 10 分钟。 |
| | 自主整理 | 调查自己的朋友们喜欢的科目、食物、颜色等,这属于巩固新知。自己独立完成表格,这段时间是 5 分钟。 |

注意力训练听课观课(课堂时间分配)评价八

时 间	2013.5.23 星期四	地 点	西关小学	班级	4.1
任课教师	李华	课程名称	Family Lesson 4 Again,Please!		

课堂时间分配	教师讲授	带问题整体感知课文,看光盘,look, listen and answer. What does Wang Hong's mother/father do? 用时 5 分钟。
	学生思考	小组为单位准备,每个人分别用道具扮演不同的成员及职业,一人介绍:That's my mother. She has long hair. She's a nurse. She works in a hospital……其余组猜,看哪组猜得多又准,用时 3 分钟。
	师生交流	小组合作,朗读、表演课文,鼓励学生根据实际情况改编,找几组学生到讲台前表演,用时 5 分钟。学生齐读屏幕上的单词,接着引导学生总结出彩色字母的发音,然后分组朗读,引导学生联想到其他含有相同发音字母的单词,用时 4 分钟。
	学生练习	1. 学生实物投影介绍自己的家人,第一名学生介绍时,教师在旁边评论:He's tall. She's beautiful. 或提问:Is that your father? What does he do? 下一名学生介绍时,找其他学生点评或提问,用时 5 分钟。 2. 复习本单元重点句型,进行操练,与学生自由对话,用时 3 分钟。 3. 传话练习。That's my mother. She has long hair. What does your mother do? She's a nurse. She works in a hospital. Is that your father? Yes. 用时 5 分钟。

续表

课堂时间分配	自主整理	实物投影学生的家庭合照,请同学来介绍自己的家庭成员,用时4分钟。做配套练习册上的相应练习,用时5分钟。

注意力训练听课观课(教师教学行为)评价表

注意力训练听课观课(教师教学行为)评价一

时 间	2012.11.7 星期三	地 点	西关小学	班 级	4.1
任课教师	吕艳玲	课程名称	那片绿绿的爬山虎		

教师教学行为	课前准备	教师对叶圣陶的个人简介及文章的写作背景准备得相当充分。对课文中的重点词、重点句也是把握得很充分。
	课堂容量	课的开始,吕老师就让同学们自由地朗读课文,了解课文的主要内容;再通过读引导学生找出表达课文思想内容的重点语句段落,即找出描写爬山虎的语句,边读边理解其深刻含义;最后抓住叶老为我修改作文的语句,品读重点句段,体会叶老对作文的一丝不苟和为人的平和。课堂密度大,一环扣一环。
	教学方法	以读为本,正确、流利、有感情地朗读课文,学生在读中感悟,在读中理解。
	课堂提问	课文以"爬山虎"为主线,吕老师步步引导,以"课题是《那片绿绿的爬山虎》,那么课文是不是写爬山虎?"把学生引入课文,读书了解课文的主要意思。 　了解课文大意后,吕老师又提问"那为什么要以《那片绿绿的爬山虎》为题呢?"让学生找出描写爬山虎的语句,直奔中心,紧抓文中描写爬山虎的语句。 　又以问题"看到那绿绿的爬山虎,肖复兴的心情为何如此喜悦?"引领学生学习叶老给"我"批改作文这件事,突出文章重点。让学生围绕中心句去探究、去学习,学生学习的目标就更明确,整个课堂浑然一体。
	教学环节	由于吕老师能深入钻研教材,能对不同的教材进行不同深度的教学处理,大胆地进行课堂教学模式的尝试,这一堂课的教学流程如此清晰,教学目标的达成如此成功。

注意力训练听课观课(教师教学行为)评价二

时 间	2013.4.10 星期三	地 点	西关小学	班级	4.1
任课教师	吕艳玲	课程名称		草原	

教师教学行为	课前准备	教师查找了老舍先生的个人简历,写作本文的背景,准备歌曲。
	课堂容量	在授课初,教师让学生自读课文让学生整体感受课文。然后又复习背诵课文有关段落。课堂解决了以下问题:本文除了让我们领略了神奇秀美的草原风光,还写了什么?把你认为写得精彩的语句划出来,多读几遍,写上批注,遇到读不懂的地方做上记号。思考老舍先生为什么这样写?用自己的话理解"蒙汉情深何忍别,天涯碧草话斜阳"的意思。让学生展开想象,进行练笔训练:具体写写"蒙汉情深何忍别,天涯碧草话斜阳"这两句诗所描绘的情境。从解决的这些问题上看,吕老师的课堂容量还是比较大的。
	教学方法	本堂课主要采用了自主学习的方式,学生参与全班交流,教师主导课堂教学。
	课堂提问	本堂课主要解决了几个大问题:1. 除了让我们领略了神奇秀美的草原风光,还写了什么? 2. 把你认为写得精彩的语句划出来,多读几遍,写上批注。3. 遇到读不懂的地方做上记号。4. 思考老舍先生为什么这样写?
	教学环节	吕老师能发现自己的问题,不断改进教学方法,大胆地调整课堂教学结构,在这堂课中,教学环节清晰,教学流程凸显重点突出,前后环节衔接紧密。

注意力训练听课观课(教师教学行为)评价三

时 间	2012.10.17 星期三	地 点	西关小学	班级	4.1
任课教师	张伟	课程名称		航海家的发现	

教师教学行为	课前准备	教师课前搜集有关地球及人们对地球认识过程方面的资料,并对自己搜集到的资料进行初步的整理。教师课前查找了古人对地球形状、大小的猜想,"盖天说""浑天说"及麦哲伦、哥伦布航海史记等资料。
	课堂容量	从文字稿到视频到学生自主活动,学生一刻不停地活动。课堂容量超出了教材中的容量。
	教学方法	教师主导教学、学生自主活动的方式。

续表

教师教学行为	课堂提问	其一，教师引导学生讨论交流古人获取了哪些证据，并根据证据展开探究活动。其二，出示月食的视频，提出问题：月食发生时，谁的影子投在月亮上？影子的边缘是什么形状的？这说明了什么？这两个大的问题让学生展开了课堂上的讨论。
	教学环节	这是典型的一堂活动课，教师从导入新课到探究新知，到回顾总结等环节都体现了以学生活动为主。在探求新知环节又设计了三个步骤：其一，交流古人对地球形状的认识。其二，交流古人是怎样证实大地是球体的。其三，交流现代人对地球的认识。教学环节层层递进抓住了学生探究知识的好奇心。

注意力训练听课观课（教师教学行为）评价四

时间	2013.4.10 星期三	地点	西关小学	班级	4.1
任课教师	张伟	课程名称	密切联系的生物界		

教师教学行为	课前准备	张老师准备做游戏时用的各类头饰和小绳，多媒体课件，在制作多媒体课件的时候，查阅了食物链的诸多知识，知识的大量储备恰恰是能应付课堂知识突发事件的准备。
	课堂容量	从"螳螂捕蝉，黄雀在后"的故事导入，到认识大草原简单的草、狼、羊食物链，告诉学生食物链一般是从绿色植物开始到凶猛的肉食动物结束，然后小组合作讨论研究画图，写出食物链，再到小组成员演一演生物之间的食物关系，又引导学生谈体会和感受。老师又进行延伸中外国家破坏生物链后引发的生态后果，到拓展应用（生物防治技术）。这一整堂课，学生是忙碌的，教师掌控的课堂节奏是有条不紊的。
	教学方法	张老师一直以探究活动为核心进行教学，重视学生的学习基础，科学教学离不开生活。
	课堂提问	老师的问题太多，虽然讲得很明白，但总感觉是老师牵着学生的鼻子走。
	教学环节	从"螳螂捕蝉黄雀在后"的故事导入，到认识大草原简单的草、狼、羊食物链，然后小组合作讨论研究画图，写出食物链，再到小组成员演一演生物之间的食物关系，又引导学生谈体会和感受。老师又进行延伸中外国家破坏生物链后所引发的生态后果，到拓展应用（生物防治技术）。共六个教学环节，这六个教学环节是层层递进的。

注意力训练听课观课(教师教学行为)评价五

时 间	2012.10.18 星期四		地 点	西关小学	班 级	4.1
任课教师	曾洁		课程名称		小数的意义	
教师教学行为	课前准备	教师准备制作教学课件。				
	课堂容量	我对数学不是很在行,但是感觉课堂密度有些松。因为优等学生的学习劲头看起来很闲,学困生的学习劲头看起来不是很足。				
	教学方法	教师的教学方法还是处在老师提问、学生回答的层面。对新课标的理解还是不够好。				
	课堂提问	在课堂提问过程中,站起来回答问题的基本是班级中的优等生,有的学生一堂课回答好多次,教师对班级的学困生几乎是不闻不问。看起来一堂课中师生双边互动不错,但是真正有效的互动不是很多。				
	教学环节	教师的教学环节还是比较清晰的:课前导入——新课教学——知识拓展——课堂小结,每个环节都比较完整。从教学环节看,曾老师还是非常认真地准备课了。				

注意力训练听课观课(教师教学行为)评价六

时 间	2013.3.27 星期三		地 点	西关小学	班 级	4.1
任课教师	曾洁		课程名称		平行四边形的面积	
教师教学行为	课前准备	曾老师课前做了大量的准备,力求把抽象的理论,变成学生手中的可以动手操作的过程。其实这个过程是花费了老师大量的精力。				
	课堂容量	课堂容量很大,多半的时间都是学生探求平行四边形原理的过程,当全班同学弄懂了这个原理,各种练习做题就轻而易举了。				
	教学方法	教师为主导,学生为主体,教师引导学生动手实践、探求真理。				
	课堂提问	教师课堂提问的次数不是很多,但是每个问题都很开放,能够让不同层次的学生回答。				
	教学环节	教学环节设计合理,概括曾老师的教学环节是:学生操作——师生合作理顺思路——练习,这个教学环节适合全班每个层次的学生,学习好的,理解得深刻一些,学困的学生理解得浅显一些。每个学生在这堂课上都是有收获的。				

注意力训练听课观课(教师教学行为)评价七

时间	2012.10.18 星期四	地点	西关小学	班级	4.1
任课教师	李华		课程名称	What's your favourite subject?	

教师教学行为	课前准备	教师准备了大量简笔画卡片和英语单词卡片,还制作了多媒课件,准备了计算机书、数学书、语文书、音乐书、美术书等。
	课堂容量	课堂教学以师生对话、生生对话,师生互动、生生互动为主。一个环节紧扣一个环节,课堂密度大。
	教学方法	课堂教学以师生对话、生生对话,师生互动、生生互动为主。
	课堂提问	课堂提问分为三个层次,一开始指名掌握英语知识较快的学生回答,然后指名学习一般的学生回答,在领着大量练读之后,才指名学习英语较困难的学生回答。
	教学环节	复习上节课所学知识,听音、跟读之后,教学新课,在教学新课的过程中,采用角色朗读、小组展示的方式进行强化口语练习。

注意力训练听课观课(教师教学行为)评价八

时间	2013.5.23 星期四	地点	西关小学	班级	4.1
任课教师	李华		课程名称	Family Lesson 4 Again, Please!	

教师教学行为	课前准备	单词卡片、课件、录音机、磁带、照片、实物投影、道具。
	课堂容量	复习了旧知识:That's my mother. She has long hair. What does your mother do? She's a nurse. She works in a hospital. Is that your father? Yes. 学习了新知识:look, listen and answer. What does Wang Hong's mother/father do?
	教学方法	教师在课堂上总是强调学生要有感情地朗读课文,而学生在读或是练习句子时,教师没有指点学生如何对重点单词的重读和对特殊疑问句的降调读法,即对语音、语调的指导不到位。小组合作朗读、表演课文,鼓励学生根据实际情况改编,这种教学方法不错。
	课堂提问	课堂互动较多,有传话练习,基本上全班57人都能站起来回答一次。
	教学环节	复习旧知识,学习新课文,巩固课文。课学教学环节比较完整。

注意力训练听课观课(学生学习行为)评价表

注意力训练听课观课(学生学习行为)评价一

时间		2012.11.7星期三	地点	西关小学	班级	4.1
任课教师		吕艳玲	课程名称		那片绿绿的爬山虎	
学生学习行为	课前准备	一部分学生通过上网或跟家人交流,了解叶圣陶的生平简介。有47名学生读课文3遍,把不识的字注音,画线生字词,不理解的生词做了查字典的预习工作。				
	课堂倾听	课前20分钟大约有5人听讲不认真,有走神的现象。教师授课进行到30分钟时,有11人开始对课堂不感兴趣,用书挡着脸玩笔。				
	课堂参与	整个课堂共有67人次举手,老师共提问了19名学生,有4名学生回答不上问题,11人次回答问题较好。				
	自主学习	一个是久负盛名的大作家,一个是稚气未脱的小同学,他们见面了,他们相差悬殊,却像老朋友似的融洽交谈地想一想,他们之间会谈什么?那就把他们之间聊的内容通过笔尖细细地流淌出来吧!学生尝试练笔。				
	学习效果	学生参与度较高的是班级里学习较好的学生,多次举手,配合老师回答问题。班级里还有十几个学生对教师授课内容充耳不闻,无论老师说什么,都兴趣不大或干脆没有兴趣。				

注意力训练听课观课(学生学习行为)评价二

时间		2013.4.10星期三	地点	西关小学	班级	4.1
任课教师		吕艳玲	课程名称		草原	
学生学习行为	课前准备	背诵课文的第一自然段。经过课堂检查,全班57人有49人已经完成背诵任务,还有8人还未完成任务。				
	课堂倾听	整堂课学生一直处于紧张忙碌的状态,对老师提出的问题不停地在课文上标识。				
	课堂参与	老师采用开火车的方式让学生回答问题,一节课的时间每个学生至少回答了2个问题。全班57人都参与了。				

续表

学生学习行为	自主学习	老师提出的问题很宽泛，每个学生都能在课文中找到相应的问题，学生自主学习的状态看起来是投入的。
	学习效果	从学生的课堂回答看，不论是优等生还是后进生，都能回答出老师的问题。学生的学习积极性还是很高的。学习效果极佳。

注意力训练听课观课（学生学习行为）评价三

时　间	2012.10.17 星期三	地　点	西关小学	班　级	4.1
任课教师	张伟	课程名称	航海家的发现		

学生学习行为	课前准备	学生跟老师一样，也进行了课前的大量知识储备，搜集有关地球及人们对地球的认识过程方面的资料；古人对地球的形状、大小的猜想，"盖天说""浑天说"、麦哲伦等资料。很多学生带了伞，折了纸船。
	课堂倾听	学生一直处于对知识的探索中，因有视频和小组活动等环节，学生既能完成视觉的享受，也能满足动手的需求。
	课堂参与	学生在视频课堂参与积极性高，教师讲解的课堂参与的积极性低。
	自主学习	在小组活动古船进港中，设计对比实验模拟探究船入港时先见到桅杆，再见到船体。学生讨论交流实验方案，小组合作根据实验方案进行模拟实验，自我填写实验记录，小组汇报交流实验结果。这个自主活动的学习，每个学生的参与度极高。
	学习效果	给学生自主活动的机会，把课堂还给学生，学生还是有主人翁意识的，学习状态是主动。

注意力训练听课观课(学生学习行为)评价四

时 间	2013.4.10 星期三	地 点	西关小学	班 级	4.1
任课教师	张伟	课程名称	密切联系的生物界		

学生学习行为	课前准备	我做了课前的调查,全班57人只有11人做了课前预习。有人问家长食物链的知识,只有2个学生在网上查过老师布置的预习资料。这也与我校的学生大多是农村孩子有关系,家里没有网络,父母的文化水平普遍不高有关。
	课堂倾听	这一堂课,教师减少了叙述,把枯燥的文字以视频的方式呈现出来,四十分钟的课堂,57名学生中只有一两个偶尔走神。
	课堂参与	由于教师的教学设计中增加了视频、小组讨论探究、小组成员用绳子演示食物链的活动,全班同学都积极参与了课堂活动。
	自主学习	我们观察中发现,学习较好的学生学习的自主能动性高,小组成员中学习较差的学生很多在抄写学习较好的同学的研讨成果。没有什么都不做的学生。
	学习效果	这一堂课,学生真正明白了食物链其实很重要,作为人类要保护好大自然的生态平衡,不能破坏生态平衡。

注意力训练听课观课(学生学习行为)评价五

时 间	2012.10.18 星期四	地 点	西关小学	班 级	4.1
任课教师	曾洁	课程名称	小数的意义		

学生学习行为	课前准备	课前我做了一点调查,除了补习班的老师在暑假补习班为参加补习的学生讲过,其他的学生只是翻过书,称不上预习。这也可能是由于曾老师对学生没有这方面的要求有关。
	课堂倾听	学生坐姿很是端正,都在看黑板。从学生的眼神中,感觉能百分百投入的学生不是很多,因为常有学生跟我对视。
	课堂参与	课堂参与中,优等生举手回答老师的问题很是积极,学困生一般不举手,也不参与互动。虽然举手回答的人次看起来很多,但是具体到有多少人,就极少数了。
	自主学习	教师出示一张正方形白纸,说:如果这张纸用整数1来表示的话,那你能不能找出0.1在哪里?这个问题,只有5人折出来了。
	学习效果	课堂中,教师通过设疑,激发学生的思考,学生在利用已有的知识与学习经验释疑,师生间形成良好的互动平台。教师及时掌握学生的认知状态,调整教学思路,课堂气氛比较活跃,教学效果比较好。

注意力训练听课观课(学生学习行为)评价六

时 间	2013.3.27 星期三	地 点	西关小学	班 级	4.1
任课教师	曾洁	课程名称		平行四边形的面积	
学生学习行为	课前准备	曾老师给学生布置了课前的预习作业。根据调查,这一段时间,都有课前预习作业,有时是手工制作教学用具。			
	课堂倾听	在动手操作之后,学生对知识点有了理解,所以,全班听课的状态很是投入。从我的角度观察,没有人跟我对视。			
	课堂参与	小组动手合作操作演示的环节比较多,整个课堂除了学生不停地演示操作,小组成员之间合作帮助,发现问题时的惊喜,举手抢着回答问题时的暗示老师"我、我、我",每一个同学都在争着抢着告诉老师自己的发现。			
	自主学习	小组动手合作操作演示的环节,学生不停地演示操作,小组成员之间合作帮助。整个过程学生是在探索,发现真知的过程。			
	学习效果	从练习题的巩固上看,学困生也能在较长的时间内完成作业,而且回答问题的正确率也是很高的。			

注意力训练听课观课(学生学习行为)评价七

时 间	2012.10.18 星期四	地 点	西关小学	班 级	4.1
任课教师	李华	课程名称		What's your favourite subject?	
学生学习行为	课前准备	学生跟随老师复习上几节课学习过的单词,教师采用抢答的方式激发了学生学习的兴趣。			
	课堂倾听	在英语课中,因为小学阶段知识量较少,教师利用各种形式教学新知识,学生学习的兴趣比较浓厚,课堂倾听较好。			
	课堂参与	小学英语课的特点就是采用各种方式不停地练读、练说,课堂互动多,学生大多数人积极参与学习。			
	自主学习	老师布置的表格统计,根据观察,有7名学生不会整理。其他的学生都能整理出来。			
	学习效果	本课知识大多数学生掌握得还行。			

注意力训练听课观课(学生学习行为)评价八

时间	2013.5.23星期四	地点	西关小学	班级	4.1
任课教师	李华	课程名称	Family Lesson 4 Again,Please!		

学生学习行为	课前准备	课前我做了调查,老师布置了听录音机的作业。根据学生的举手情况,有23名学生认真做了老师布置的听音作业。其他的34名学生没有做老师布置的作业。
	课堂倾听	由于老师设计的教学环节不单一,加上老师讲的少,学生练的多,在老师讲课的时候,全班学生都能认真听讲。
	课堂参与	李华老师把全班学生按自然组分成四个小组,四个小组之间有竞赛机制,激发了学生学习的积极性。学生的集体合作精神凸显,课堂参与度极高。
	自主学习	学生实物投影介绍自己家人的这个环节比较适合学习英语较好的学生。 复习本单元重点句型,进行操练,学生之间自由对话。这是复习旧知识,而且句型显示在屏幕上,全班学生都能读出来。 做配套练习册上的相应练习。大多数学生照着书抄写。
	学习效果	观察全班齐读的口型,应该说本节课学生都有不同程度的收获。

学生课堂行为观察统计表

学生课堂行为观察统计表一

年级:四年级一班　　人数:57　　教学科目:英语

课题、时间 学生行为	Unit1 lesson1 we have chinese		Unit3 lesson3 what do you do……		Unit7 lesson4 Again, please!	
	观察时间	2012.9.21	观察时间	2012.10.10	观察时间	2012.11.14
	人数	该现象参与人数比例	人数	该现象参与人数比例	人数	该现象参与人数比例
自主提问	6	10.5%	10	17.5%	15	26.3%
认真思考	12	21.2%	18	31.6%	20	35.1%
积极回答	38	66.7%	40	70.2%	41	71.9%
动手实践	10	17.5%	12	21.1%	15	26.3%
互相合作	40	70.2%	41	71.9%	42	73.7%
互相说话、做小动作	18	31.6%	22	38.6%	22	38.6%
沉闷无反应	22	38.6%	22	38.6%	30	52.6%

(授课老师:李华)

学生课堂行为观察统计表二

年级：四年级一班　　人数：57　　教学科目：英语

课题、时间 学生行为	Where's she from?		Family Lesson 4 Again, Please!		He often plays football.	
	观察时间	2013.3.21	观察时间	2013.4.8	观察时间	2013.5.23
	人数	该现象参与人数比例	人数	该现象参与人数比例	人数	该现象参与人数比例
自主提问	7	12.3%	11	19.3%	16	28.81%
认真思考	14	24.56%	19	33.33%	21	36.84%
积极回答	39	68.42%	41	71.93%	42	73.68%
动手实践	12	21.1%	13	22.81%	16	28.07%
互相合作	41	71.93%	42	73.68%	42	73.68%
互相说话、做小动作	12	21.05%	21	36.84%	20	35.09%
沉闷无反应	20	35.09%	24	42.11%	26	45.61%

（授课老师：李华）

学生课堂行为观察统计表三

年级:四年级一班　　人数:57　　教学科目:数学

课题、时间＼学生行为	乘法结合律		求小数的近似数		除数是小数的除法	
	观察时间 2012.9.19		观察时间 2012.10.30		观察时间 2012.11.28	
	人数	该现象参与人数比例	人数	该现象参与人数比例	人数	该现象参与人数比例
自主提问	6	10.5%	10	17.5%	15	26.3%
认真思考	38	66.7%	41	71.9%	45	78.9%
积极回答	12	21.2%	18	31.6%	20	35.1%
动手实践	40	70.2%	42	73.7%	50	87.7%
互相合作	10	17.5%	22	38.6%	30	52.6%
互相说话、做小动作	22	38.6%	15	26.3%	8	14.04%
沉闷无反应	18	31.6%	12	21.1%	5	8.7%

(授课老师:曾洁)

学生课堂行为观察统计表四

年级：四年级一班　　人数：57　　教学科目：数学

课题、时间 学生行为	多边形的面积		对称与平移		分数的加减法	
	观察时间	2013.3.27	观察时间	2013.4.25	观察时间	2013.5.22
	人数	该现象参与人数比例	人数	该现象参与人数比例	人数	该现象参与人数比例
自主提问	8	14.03%	14	24.56%	18	24.56%
认真思考	40	70.18%	44	77.19%	46	80.70%
积极回答	15	26.32%	20	35.09%	23	40.35%
动手实践	47	82.46%	44	77.19%	52	91.23%
互相合作	12	21.05%	25	43.86%	41	71.93%
互相说话、做小动作	21	36.84%	15	26.32%	10	17.54%
沉闷无反应	16	28.07%	14	24.56%	4	7.02%

（授课老师：曾洁）

学生课堂行为观察统计表五

年级：四年级一班　　人数：57　　教学科目：语文

课题、时间 学生行为	桂林山水		触摸春天		梅花魂	
	观察时间	2012.9.12	观察时间	2012.10.26	观察时间	2012.11.9
	人数	该现象参与人数比例	人数	该现象参与人数比例	人数	该现象参与人数比例
自主提问	6	10.53%	8	14.03%	12	21.05%
认真思考	16	28.07%	20	35.08%	30	52.6%
积极回答	18	31.6%	22	38.6%	27	47.37%
动手实践	13	22.8%	18	31.6%	26	45.6%
互相合作	16	28.07%	20	35.08%	30	52.6%
互相说话、做小动作	7	12.28%	5	8.7%	3	5.3%
沉闷无反应	12	21.05%	10	17.54%	6	10.53%

（授课老师：吕艳玲）

学生课堂行为观察统计表六

年级：四年级一班　　人数：57　　教学科目：语文

课题、时间 学生行为	窃读记		走遍天下书为侣		钓鱼的启示	
	观察时间	2013.3.6	观察时间	2013.3.20	观察时间	2013.3.27
	人数	该现象参与人数比例	人数	该现象参与人数比例	人数	该现象参与人数比例
自主提问	10	17.54%	14	24.56%	16	28.07%
认真思考	22	38.60%	24	42.11%	26	45.6%
积极回答	22	38.60%	22	38.60%	23	40.35%
动手实践	23	40.35%	23	40.35%	23	40.35%
互相合作	25	43.86%	25	43.86%	26	45.6%
互相说话、做小动作	4	7.02%	3	5.3%	3	5.3%
沉闷无反应	10	17.54%	6	10.53%	5	8.7%

（授课老师：吕艳玲）

学生课堂行为观察统计表七

年级:四年级一班　　人数:57　　教学科目:科学

课题、时间 学生行为	秋季星空		蒸发		沸腾	
	观察时间	2012.10.16	观察时间	2012.10.26	观察时间	2012.11.6
	人数	该现象参与人数比例	人数	该现象参与人数比例	人数	该现象参与人数比例
自主提问	5	8.5%	10	17.5%	15	26.3%
认真思考	16	28.07%	24	42.1%	30	52.6%
积极回答	11	19.3%	20	35.1%	25	43.9%
动手实践	20	35.1%	30	52.6%	40	70.2%
互相合作	10	17.5%	22	38.6%	30	52.6%
互相说话、做小动作	8	14.04%	6	10.5%	3	5.3%
沉闷无反应	15	26.3%	10	17.5%	5	8.7%

(授课老师:张伟)

学生课堂行为观察统计表八

年级：四年级一班　　人数：57　　教学科目：科学

学生行为 \ 课题、时间	杯子变热了		玩镜子		彩虹的秘密	
	观察时间	2013.3.12	观察时间	2013.4.10	观察时间	2013.4.23
	人数	该现象参与人数比例	人数	该现象参与人数比例	人数	该现象参与人数比例
自主提问	6	10.52%	11	19.3%	16	28.07%
认真思考	17	29.82%	25	43.86%	31	54.39%
积极回答	13	22.81%	21	36.84%	26	45.61%
动手实践	21	36.84%	32	56.14%	42	73.68%
互相合作	11	19.30%	23	40.35%	31	54.39%
互相说话、做小动作	7	12.28%	5	8.77%	2	3.51%
沉闷无反应	14	24.56%	9	15.79%	4	7.02%

（授课老师：张伟）

学生课堂注意力观察记录表

学生课堂注意力观察记录表一

年级:四年级一班　班级人数:57　教学科目:语文　课题:桂林山水

学生注意力情况	教师教学方式											
	教师讲解		学生探究合作		课堂自主学习		师生合作		动手操作		演示实验	
	人数	占全班的比例	人数	占全班的比例	人数	占全班的比例	人数	占全班的比例	人数	占全班的比例	人数	占全班的比例
特别集中气氛活跃	16	28.07%	0	0	0	0	16	28.07%	0	0	0	0
比较集中气氛沉闷	36	63.65%	0	0	0	0	36	63.65%	0	0	0	0
注意力分散不集中	5	9.9%	0	0	0	0	5	9.9%	0	0	0	0

(授课老师:吕艳玲　观察时间:2012.9.12 星期三)

学生课堂注意力观察记录表二

年级:四年级一班　班级人数:57　教学科目:语文　课题:触摸春天

学生注意力情况	教师教学方式											
	教师讲解		学生探究合作		课堂自主学习		师生合作		动手操作		演示实验	
	人数	占全班的比例	人数	占全班的比例	人数	占全班的比例	人数	占全班的比例	人数	占全班的比例	人数	占全班的比例
特别集中气氛活跃	16	28.07%	15	26.55%	17	30.06%	16	28.27%	0	0	0	0
比较集中气氛沉闷	34	60.14%	35	61.87%	34	60.18%	37	65.41%	0	0	0	0
注意力分散不集中	7	13.34%	7	13.37%	6	11.58%	4	8.17%	0	0	0	0

(授课老师:吕艳玲　观察时间:2012.10.26 星期三)

学生课堂注意力观察记录表三

年级:四年级一班　班级人数:57　教学科目:语文　课题:窃读记

学生注意力情况	教师教学方式											
	教师讲解		学生探究合作		课堂自主学习		师生合作		动手操作		演示实验	
	人数	占全班的比例	人数	占全班的比例	人数	占全班的比例	人数	占全班的比例	人数	占全班的比例	人数	占全班的比例
特别集中气氛活跃	22	38.60%	26	45.61%	23	40.61	22	38.60%	0	0	0	0
比较集中气氛沉闷	30	53.31%	23	41.15%	22	39.31	30	53.31%	0	0	0	0
注意力分散不集中	5	9.71%	8	14.76%	12	21.74	5	9.71%	0	0	0	0

(授课老师:吕艳玲　观察时间:2013.3.6星期三)

学生课堂注意力观察记录表四

年级:四年级一班　班级人数:57　教学科目:语文　课题:钓鱼的启示

学生注意力情况	教师教学方式										
	教师讲解		学生探究合作		课堂自主学习		师生合作		动手操作		演示实验	
	人数	占全班的比例	人数	占全班的比例	人数	占全班的比例	人数	占全班的比例	人数	占全班的比例	人数	占全班的比例
特别集中气氛活跃	24	42.11%	38	66.71%	39	69.03%	24	42.68%	0	0	0	0
比较集中气氛沉闷	31	55.12%	19	34.50%	18	32.79%	31	55.13%	0	0	0	0
注意力分散不集中	2	4.46%	0	0	0	0	2	4.48%	0	0	0	0

(授课老师:吕艳玲　观察时间:2013.3.27 星期三)

学生课堂注意力观察记录表五

年级:四年级一班　班级人数:57　教学科目:数学　课题:乘法运算律

学生注意力情况	教师教学方式									
	教师讲解		学生探究合作		课堂自主学习		师生合作		动手操作		演示实验
	人数	占全班的比例	人数	占全班的比例	人数	占全班的比例	人数	占全班的比例	人数	占全班的比例	人数	占全班的比例
特别集中气氛活跃	14	24.56%	0	0	20	35.09%	14	24.56%	0	0	0	0
比较集中气氛沉闷	38	66.67%	0	0	34	59.65%	38	66.67%	0	0	0	0
注意力分散不集中	5	9.94%	0	0	3	5.26%	5	9.94%	0	0	0	0

(授课老师:曾洁　观察时间:2012.10.17星期三)

学生课堂注意力观察记录表六

年级:四年级一班　班级人数:57　教学科目:数学　课题:三角形的认识

学生注意力情况	教师教学方式										
	教师讲解		学生探究合作		课堂自主学习		师生合作		动手操作		演示实验	
	人数	占全班的比例	人数	占全班的比例	人数	占全班的比例	人数	占全班的比例	人数	占全班的比例	人数	占全班的比例
特别集中气氛活跃	13	22.81%	21	37.08%	23	40.35%	13	22.92%	33	58.13%	0	0
比较集中气氛沉闷	37	65.31%	36	63.81%	31	55.09%	37	65.31%	24	43.13%	0	0
注意力分散不集中	7	13.43%	0	0	3	6.23%	7	13.43%	0	0	0	0

(授课老师:曾洁　观察时间:2012.11.26 星期一)

学生课堂注意力观察记录表七

年级:四年级一班　班级人数:57　教学科目:数学　课题:关注我们的活动空间

学生注意力情况	教师教学方式										
	教师讲解		学生探究合作		课堂自主学习		师生合作		动手操作		演示实验	
	人数	占全班的比例	人数	占全班的比例	人数	占全班的比例	人数	占全班的比例	人数	占全班的比例	人数	占全班的比例
特别集中气氛活跃	24	42.86%	32	56.25%	34	60.77%	27	47.44%	36	63.26%	44	77.86%
比较集中气氛沉闷	30	52.62%	36	64.14%	21	37.91%	30	60.95%	21	37.95%	13	24.17%
注意力分散不集中	3	6.19%	0	0	2	4.17%	0	0	0	0	0	0

(授课老师:曾洁　观察时间:2013.3.27 星期三)

学生课堂注意力观察记录表八

年级:四年级一班　班级人数:57 教学科目:数学　课题:对称与平移

学生注意力情况	教师教学方式										
	教师讲解		学生探究合作		课堂自主学习		师生合作		动手操作		演示实验	
	人数	占全班的比例	人数	占全班的比例	人数	占全班的比例	人数	占全班的比例	人数	占全班的比例	人数	占全班的比例
特别集中气氛活跃	23	40.35%	46	80.76%	37	65.25%	24	42.18%	45	79.98%	0	0
比较集中气氛沉闷	32	56.14%	11	19.30%	18	32.72%	33	58.63%	12	22.46%	0	0
注意力分散不集中	2	3.51%	0	0	2	4.08%	0	0	0	0	0	0

(授课老师:曾洁　观察时间:2013.5.23 星期四)

学生课堂注意力观察记录表九

年级:四年级一班　班级人数:57　教学科目:英语　课题:Do you like running?

学生注意力情况	教师教学方式										
	教师讲解		学生探究合作		课堂自主学习		师生合作		动手操作		演示实验
	人数	占全班的比例	人数	占全班的比例	人数	占全班的比例	人数	占全班的比例	人数	占全班的比例	人数	占全班的比例
特别集中气氛活跃	12	21.11%	0	0	24	42.11%	19	33.33%	0	0	0	0
比较集中气氛沉闷	39	68.42%	0	0	30	52.63%	36	63.16%	0	0	0	0
注意力分散不集中	6	10.53%	0	0	3	5.26%	2	3.51%	0	0	0	0

(授课老师:李华　观察时间:2012.9.20 星期四)

学生课堂注意力观察记录表十

年级:四年级一班　班级人数:57　教学科目:英语　课题:It's snowing

学生注意力情况	教师教学方式											
	教师讲解		学生探究合作		课堂自主学习		师生合作		动手操作		演示实验	
	人数	占全班的比例	人数	占全班的比例	人数	占全班的比例	人数	占全班的比例	人数	占全班的比例	人数	占全班的比例
特别集中气氛活跃	19	33.33%	11	19.42%	28	49.12%	24	42.11%	0	0	0	0
比较集中气氛沉闷	34	59.65%	40	70.18%	26	45.61%	31	55.12%	0	0	0	0
注意力分散不集中	4	7.02%	6	10.53%	3	5.26%	2	3.51%	0	0	0	0

(授课老师:李华　观察时间:2012.11.15 星期四)

学生课堂注意力观察记录表十一

年级:四年级一班　班级人数:57　教学科目:英语　课题:What are you doing?

学生注意力情况	教师教学方式										
	教师讲解		学生探究合作		课堂自主学习		师生合作		动手操作		演示实验
	人数	占全班的比例	人数	占全班的比例	人数	占全班的比例	人数	占全班的比例	人数	占全班的比例	人数	占全班的比例
特别集中气氛活跃	27	47.37%	35	61.40%	34	59.65%	39	68.42%	0	0	0	0
比较集中气氛沉闷	26	45.61%	19	33.33%	22	38.60%	16	28.07%	0	0	0	0
注意力分散不集中	4	7.02%	3	5.26%	1	1.75%	2	3.51%	0	0	0	0

(授课老师:李华　观察时间:2013.4.9星期四)

学生课堂注意力观察记录表十二

年级:四年级一班　班级人数:57　教学科目:英语　课题:Can I help you?

学生注意力情况	教师教学方式										
	教师讲解		学生探究合作		课堂自主学习		师生合作		动手操作		演示实验
	人数	占全班的比例	人数	占全班的比例	人数	占全班的比例	人数	占全班的比例	人数	占全班的比例	人数	占全班的比例
特别集中气氛活跃	36	63.16%	43	75.44%	45	78.95%	49	85.96%	36	64.16%	0	0
比较集中气氛沉闷	19	33.33%	13	22.81%	12	21.05%	17	29.82%	21	36.84%	0	0
注意力分散不集中	2	3.51%	1	1.75%	0	0	1	1.75%	0	0	0	0

(授课老师:李华　观察时间:2013.6.11 星期二)

学生课堂注意力观察记录表十三

年级:四年级一班　班级人数:57　教学科目:科学　课题:植物的茎

学生注意力情况	教师教学方式										
	教师讲解		学生探究合作		课堂自主学习		师生合作		动手操作		演示实验	
	人数	占全班的比例	人数	占全班的比例	人数	占全班的比例	人数	占全班的比例	人数	占全班的比例	人数	占全班的比例
特别集中气氛活跃	26	45.61%	34	59.65%	23	40.35%	39	68.42%	41	71.93%	57	100%
比较集中气氛沉闷	27	47.36%	21	36.84%	32	56.14%	16	28.07%	16	28.07%	0	0
注意力分散不集中	4	7.02%	2	3.51%	2	3.51%	2	3.51%	0	0	0	0

(授课老师:张伟　观察时间:2012.9.21 星期五)

学生课堂注意力观察记录表十四

年级:四年级一班　班级人数:57　教学科目:科学　课题:蒸发

学生注意力情况	教师教学方式											
	教师讲解		学生探究合作		课堂自主学习		师生合作		动手操作		演示实验	
	人数	占全班的比例	人数	占全班的比例	人数	占全班的比例	人数	占全班的比例	人数	占全班的比例	人数	占全班的比例
特别集中气氛活跃	24	42.11%	48	84.21%	42	73.68%	35	61.40%	50	87.72%	45	78.95%
比较集中气氛沉闷	25	43.86%	7	12.28%	13	22.81%	15	26.32%	7	12.28%	10	17.54%
注意力分散不集中	8	14.04%	2	3.51%	2	3.51%	4	7.02%	0	0	2	3.51%

(授课老师:张伟　观察时间:2012.11.23 星期五)

学生课堂注意力观察记录表十五

年级:四年级一班　班级人数:57　教学科目:科学　课题:温度计的秘密

学生注意力情况	教师教学方式											
	教师讲解		学生探究合作		课堂自主学习		师生合作		动手操作		演示实验	
	人数	占全班的比例	人数	占全班的比例	人数	占全班的比例	人数	占全班的比例	人数	占全班的比例	人数	占全班的比例
特别集中气氛活跃	29	50.88%	52	91.23%	46	80.70%	32	56.40%	41	71.93%	37	64.91%
比较集中气氛沉闷	22	38.60%	5	8.77%	10	17.54%	21	36.84%	16	28.07%	19	33.33%
注意力分散不集中	6	10.53%	0	0	1	1.75%	4	7.02%	0	0	1	1.75%

(授课老师:张伟　观察时间:2013.4.12 星期五)

学生课堂注意力观察记录表十六

年级:四年级一班　班级人数:57　教学科目:科学　课题:蚯蚓找家

学生注意力情况	教师教学方式									
	教师讲解		学生探究合作		课堂自主学习		师生合作		动手操作		演示实验
	人数	占全班的比例	人数	占全班的比例	人数	占全班的比例	人数	占全班的比例	人数	占全班的比例	人数	占全班的比例
特别集中气氛活跃	24	42.11%	57	100%	46	80.86%	39	68.42%	50	87.72%	43	75.44%
比较集中气氛沉闷	18	31.58%	0	0	8	14.04%	16	28.07%	7	12.28%	13	22.81%
注意力分散不集中	5	8.77%	0	0	3	5.26%	2	35.09%	0	0	1	1.75%

(授课老师:张伟　观察时间:2013.6.7星期五)

小学高年级学生课堂注意力测试状况调查报告

注意力属于心理学范畴,是指人的心理活动对一定对象的指向和集中。注意力和观察力、记忆力、思维力、想象力是智力的五个基本因素,在人的智力结构中,注意力是智力活动的"组织者"和"维持者",正是由于注意力的组织和维持,人们才能进行正常的学习活动。大量的实验和教学实践充分证明,学习成绩好与成绩差的学生之间最明显的区别就是注意力是否集中,可以说,注意力是保证学生顺利学习的前提条件。虽然说注意力是智力的组成部分,但它又受到后天因素的影响,经过系统地培养和矫正是可以改善的,所以关注和培养学生的学习注意力就是面向全体学生、大面积提高教学效果的有效途径。

一、调查目的

《小学高年级学生课堂注意力的培养研究》课题组在实验了一年后,落实实验班学生的注意力情况是不是有所提高。

二、调查方式

采用问卷调查,本次调查共十道题,这十道题都是选择题,采取记班级不记姓名的方式,以提高调查的准确性。

三、调查对象

实验班四年级一班全体学生,共 57 名。

四、调查内容及分析

本次调查共设计了十道题,从学生注意力状况、对注意力作用的认识、注意力不集中发生的时间及原因等方面设题,以便较全面地了解学生注意力的情况。

问题一:可以坚持坐在凳子上40分钟不离席,听完老师的授课。

A 完全做到　B 偶尔做不到　C 完全做不到

问卷表明:有42名学生认为自己可以完全做到,占73.68%;还有15名学生认为自己偶尔做不到,占26.32%;完全做不到的学生没有。

问卷分析:从对这一问题的调查可以看出,经过一年有针对性的注意力训练和教学思路的改进,实验班学生已具有很好的自制力。

问题二:一道简单的习题,能迅速做完。

A 完全做到　B 偶尔做不到　C 完全做不到

问卷表明:有38名学生认为自己可以完全做到,占66.67%;有17名学生认为自己偶尔做不到,占29.82%;有2名学生认为自己完全做不到,占3.5%。

问卷分析:此题主要调查学生对注意力的认识水平。有了清醒的认识,才能选择自己的行为,绝大多数学生的认识是明确的,说明课题在实验过程中已取得初步效果。

问题三:能持续阅读儿童文学。

A 完全做到　B 偶尔做不到　C 完全做不到

问卷表明:有37名学生认为自己能完全做到持续阅读儿童文学,占64.91%;有20名学生认为自己偶尔做不到,占35.09%;没有学生认为自己完全做不到。

问卷分析:相关研究曾指出,人在不同年龄阶段,其平均专注时间长度不同:2岁孩子平均约7分钟,3岁平均约9分钟,4岁平均约12分钟,5岁平均约14分钟。小学生平均为15—25分钟,初中生平均为25—35分钟。每个人注意力集中的时间长短不一,一般而言,会随着年龄、发展情况及个体差异而有所不同,年龄愈长,注意力持续的时间也会相对地增加。对于四年级的小学生来说,能够做到持续阅读儿童文学,实属不易。

问题四:参加跳绳、踢毽子或跳皮筋等游戏,能专心致志玩到最后。

A 完全做到 B 偶尔做不到 C 完全做不到

问卷表明:有 32 名学生认为自己完全能做到,占 56.14%;有 25 名学生认为自己偶尔做不到,占 43.86%。

分析和建议:造成注意力不集中的原因是多方面的,但随着年龄的增长,这种现象会发生改变。小学生大脑发育不完善,神经系统兴奋和抑制过程发展不平衡,故自制能力差,注意力不集中,但随着年龄的增长,注意的时间会逐渐延长。建议对学生的注意力训练不要就此停止,持续地训练会使学习的效果更明显。

问题五:放学的时候,不在外面逗留,能在短时间内按时回家。

A 完全做到 B 偶尔做不到 C 完全做不到

问卷表明:有 45 名学生认为自己可以完全做到,占 78.95%;有 11 名学生占认为自己偶尔做不到,19.30%;有 1 名学生认为自己完全做不到,占 1.75%。

问卷分析:此题调查学生自制力、抗干扰的情况,经过一年的注意力培养实验,全班学生的自制力有了明显提高,抗干扰的能力逐步增强。

问题六:老师指定的实践性作业不但能够完成,还能具体表达自己的思考和想法。

A 完全做到 B 偶尔做不到 C 完全做不到

问卷表明:有 20 名学生认为自己可以完全做到占 35.09%;有 34 名学生认为自己偶尔做不到,占 59.65%;有 3 名学生认为自己完全做不到,占 5.26%。

问卷分析:兴趣是最好的老师,也是使注意力集中的根源。兴趣广泛,可以引起更多的无意注意,使人在轻松的条件下接受影响、学习知识。兴趣广泛除了能发展注意力,还可使人的知识结构合理、全面地发展。如何让学生喜欢所学的课程,老师教学环节的设计是至关重要的。

问题七:和朋友玩卡片或者其他游戏时,能遵守游戏规则,玩到最后。

A 完全做到　B 偶尔做不到　C 完全做不到

问卷表明:有 37 名学生认为自己可以完全做到,占 64.91%;有 18 名学生认为自己偶尔做不到,占 31.85%;有 2 名学生认为自己完全做不到,占 3.51%。

问卷分析:人一生中都有过自我约束不够的现象,有的人通过努力,自我约束得很好,所以成功了,而绝大多数人没有很好地做到自我约束。所以,有意识地注意力训练可以起到较好的作用。

问题八:在学校打扫教室或操场或在家帮做家务如打扫卫生时,不分心玩耍,能努力做完为止。

A 完全做到　B 偶尔做不到　C 完全做不到

问卷表明:有 42 名学生认为自己可以完全做到,占 73.68%;有 14 名学生认为自己偶尔做不到,占 24.56%;有 1 名学生认为自己完全做不到,占 1.75%。

问卷分析:对学生注意力的培养是有效的,还要持续地进行注意力的训练。

问题九:情绪安定不紧张。

A 完全做到　B 偶尔做不到　C 完全做不到

问卷表明:有 20 名学生认为自己可以完全做到,占 35.09%;有 33 名学生认为自己偶尔做不到,占 57.89%;有 4 名学生认为自己完全做不到,占 7.02%。

问卷分析:只有在愉悦的情绪下才能更好地集中自己的注意力。因此,建议全校教师不要轻易对学生进行批评,要学会控制自己的情绪,保持愉悦的情绪完成课堂授课任务。

问题十:身体没有经常不舒服。

A 完全做到　B 偶尔做不到　C 完全做不到

问卷表明:有 36 名学生认为自己可以完全做到,占 63.16%;有 20 名学生认为自己偶尔做不到,占 35.09%;有 1 名学生认为自己完全做不到,占 1.75%。

问卷分析:注意力的培养是必要的。这样做对提高做作业的效率和速度都有帮助,尤其是在课堂上学生能够集中注意力,独立完成作业,而不是说话或干别的事。课堂效率的提高,能使学生从兴奋状态很快进入学习状态。自控能力增强了,学生坐在教室里也不想与学习无关的事情了。

五、结论

经过此次调查,我们看到实验班四年级一班的学生在集中注意力方面有了一定的提高,同时也看到注意力的培养不是一朝一夕就能办到的。只要我们持之以恒地培养学生的注意力,学生、教师的工作则会更具有方向性和目的性,学生的学习注意力集中时间会更持久,教师的教学效果更明显,学生的学习成绩更显著。我们相信,马克思所说的"天才就是集中注意力"的论断也会在我们的教育教学中得到真实验证。

(2013.7)

实验班与非实验班成绩对比

第一学期四年级一班(实验班)成绩

考号	姓名	语文	数学	英语	科学	品德
1	曲某	84.5	83.5	90	34	12
2	杨某	93.5	87	98	54	18
3	于某	95	96	96	51	19
4	姜某	91	89	86	46	16
5	初某	89	95	61	48	18
6	高某	94	97	100	54	19
7	孙某	97	98	99	53	16
8	高某	92	92	94	40	16
9	邢某	90	92	98	55	19
10	刘某	94	93.5	92	51	20
11	宋某	68.5	76.5	79	38	18
12	张某	85	85	77	41	15
13	于某	95	97	100	56	16
14	赵某	96	98	98	50	17
15	孙某	97.5	97	98	55	10
16	孙某	96	99.5	89	52	14
17	李某	95	91	94	53	17
18	王某	89	94	90	46	17
19	杨某	15	50	89	12	10
20	马某	66	71.5	71	21	12
21	杨某	95	96.5	98	48	16
22	李某	97	97	95	52	15
23	刘某	82	84.5	69	48	14
24	周某	95	96.5	88	41	16
25	张某	91	93	90	56	17
26	杨某	97	81	88	42	15

续表

考号	姓名	语文	数学	英语	科学	品德
27	房某	88	82	90	31	16
28	赵某	89	88	79	33	18
29	姜某	92.5	98.5	100	55	18
30	于某	94	95	99	50	15
31	李某	74.5	80.5	68	44	15
32	李某	84.5	86.5	85	38	18
33	刘某	83	78	93	13	11
34	吕某	99	100	99	56	20
35	郝某	97.5	95	94	55	20
36	周某	86	89	82	49	17
37	万某	94.5	96	98	53	13
38	刘某	96.5	98	99	56	16
39	吕某	96	100	99	51	18
40	崔某	98	100	99	50	19
41	王某	65.5	90.5	65	50	13
42	毕某	83.5	92.5	75	40	18
43	位某	89	99	96	54	17
44	周某	84	92.5	98	40	15
45	张某	92.5	98	90	51	17
46	乔某	84.5	70.5	67	37	15
47	高某	77.5	66	61	41	20
48	郭某	92.5	99.5	99	52	12
49	宋某	83	91.5	77	36	11
50	王某	93	98	98	56	19
51	代某	90	90	97	50	17
52	孙某	94.5	96	98	47	17
53	张某	71	98	71	53	20
54	李某	62	68	61	54	17
55	李某	92	97	100	56	17

续表

考号	姓名	语文	数学	英语	科学	品德
56	赵某	87.5	83.5	90	46	19
57	于某	40	22	52	48	12
平均分		86.58	88.95	87.82	46.35	16.18

第一学期四年级二班(非实验班)成绩

考号	姓名	语文	数学	英语	科学	品德
1	王某	80	66.5	68	52	16
2	刘某	66	86	77	38	16
3	陶某	90	97	91	51	16
4	姜某	93	97	91	52	16
5	王某	65	89	85	46	15
6	赵某	91	93	88	53	17
7	步某	85	97.5	93	46	15
8	孙某	96	97	98	56	18
9	孙某	88	96	98	52	15
10	牟某	90	97	98	54	15
11	张某	90	92.5	91	55	13
12	刘某	95	92.5	94	53	16
13	位某	97	92	91	51	17
14	辛某	91	95	90	45	15
15	吕某	94	75	94	51	15
16	张某	53	50.5	85	20	10
17	刘某	44	67	76	51	10
18	马某	84	90	68	43	14
19	宋某	89	88.5	95	48	15
20	彭某	95.5	94	98	58	17
21	宋某	91	93	90	54	15

续表

考号	姓名	语文	数学	英语	科学	品德
22	王某	85	90	94	30	115
23	赵某	92	99	100	53	16
24	贾某	93.5	98	94	52	18
25	闫某	95.5	97	92	50	19
26	房某	91	90	94	54	18
27	曲某	74	95.5	58	52	12
28	赵某	88	92	75	52	14
29	孙某	85	92	96	51	14
30	曲某	91.5	99	98	54	18
31	于某	92.5	97	96	55	18
32	焦某	92	97	92	56	15
33	闫某	95	94	96	57	16
34	崔某	90	88	92	50	17
35	于某	87.5	96	89	51	18
36	徐某	90	93	91	49	17
37	刘某	95.5	100	97	54	17
38	董某	94.5	96	98	56	17
39	刘某	97	94.5	83	51	18
40	张某	95	97	92	55	17
41	解某	92	94	93	58	15
42	张某	81.5	97	93	50	16
43	王某	96.5	89	100	55	14
44	乔某	95	84	91	30	16
45	房某	92.5	81.5	92	53	15
46	李某	93.5	96	99	58	15
47	周某	91	93	89	56	18
48	李某	86	40	89	20	10
49	于某	86	84.5	96	46	17
50	战某	85	92.5	93	55	16

续表

考号	姓名	语文	数学	英语	科学	品德
51	孙某	95	86	93	54	19
52	盖某	94.5	95	90	57	17
53	吴某	57	88.5	62	48	16
54	逄某	97	97.5	98	58	19
55	史某	90	91	100	50	18
56	董某	93.5	96	99	56	16
57	孙某	64	78	81	11	11
58	鲍某	0	0	0	0	0
平均分		85.90	88.53	88.69	48.72	17.21

第二学期四年级一班(实验班)成绩

考号	姓名	语文	数学	英语	科学	品德
1	曲某	94	91.5	95	57	16
2	杨某	97.5	90	87	55	15
3	于某	92	94	95	57	18
4	姜某	89	90	92	40	15.5
5	初某	97.5	98.5	88	40	17
6	高某	94	80.5	90	58	19.5
7	孙某	94	98	91	52	7.5
8	高某	89	88	91	49	19
9	邢某	97.5	96.5	81	56	19.5
10	刘某	95	94	81	50	19.5
11	宋某	91	89.5	86	37	12
12	张某	98	92.5	95	47	13
13	于某	98	100	99	58	18
14	赵某	98	99	98	52	19
15	孙某	96.5	94	93	56	18.5

续表

考号	姓名	语文	数学	英语	科学	品德
16	孙某	96	94	92	59	18.5
17	李某	92	90	90	56	18
18	王某	3	55	81	25	9
19	杨某	74.5	64	68	48	18.5
20	马某	88.5	90	88	37	6.5
21	杨某	98	93	87	48	15
22	李某	98	93	82	54	18
23	刘某	90.5	85	86	42	5.5
24	周某	93	85	89	46	15.5
25	张某	97	90	86	59	13.5
26	杨某	97.5	78.5	86	56	17.5
27	房某	95.5	83.5	84	56	17
28	赵某	92	95	87	57	16
29	姜某	97	96	98	58	19.5
30	于某	91.5	88	94	45	18
31	李某	94.5	94.5	87	57	19.5
32	李某	91.5	92	76	55	18.5
33	刘某	96.5	96	97	48	9
34	吕某	98.5	97	99	58	19
35	郝某	97.5	99	95	47	12
36	周某	91	71	71	48	16
37	万某	95	97	96	60	17
38	刘某	96	99	99	59	18
39	吕某	47.5	68	75	49	17
40	崔某	99	92	96	58	19
41	王某	85	91	79	50	17
42	毕某	93	89.5	57	40	7.5
43	位某	90	95	92	55	17
44	周某	86	96	95	56	17

续表

考号	姓名	语文	数学	英语	科学	品德
45	张某	99	94	93	54	19.5
46	乔某	96	84	78	51	19.5
47	高某	97	96.5	92	60	18.5
48	郭某	97.5	95.5	93	60	17.5
49	宋某	91.5	88.5	93	47	15
50	王某	91.5	99	89	58	18
51	代某	95	96	96	52	19
52	孙某	94	95.5	97	56	16
53	张某	92.5	92	81	55	18
54	李某	98	92	100	58	19
55	李某	71.5	57	69	50	16
56	赵某	92	92	91	54	17.5
57	于某	85.5	52.5	59	40	16.5
平均分		91	89.25	87.81	51.67	16.25

第二学期四年级二班（非实验班）成绩

考号	姓名	语文	数学	英语	科学	品德
1	王某	91	59.5	57	48	18
2	刘某	64.5	68.5	55	39	17
3	陶某	95	91	92	58	20
4	姜某	94.5	92	84	59	20
5	王某	74.5	83.5	85	40	15
6	赵某	90	77.5	84	42	19
7	步某	95	83	92	45	20
8	孙某	97	95	94	60	20
9	孙某	95	88	96	48	19
10	牟某	95	84	92	48	20

续表

考号	姓名	语文	数学	英语	科学	品德
11	张某	90.5	77	82	55	18
12	刘某	94	85	94	55	15
13	位某	93.5	95	92	57	19
14	辛某	96.5	90.5	89	56	19
15	吕某	92.5	65	85	50	20
16	张某	66	50	82	20	9
17	刘某	86	74.5	75	42	15
18	马某	90	83.5	67	48	13
19	宋某	96	83	79	49	20
20	彭某	98.5	96	94	56	19
21	宋某	99	88	93	60	20
22	王某	93.5	93.5	86	45	17
23	赵某	100	96.5	98	56	20
24	贾某	94.5	92	87	47	19
25	闫某	97	86	81	57	18
26	房某	95.5	86	81	52	19
27	曲某	86	84	65	53	20
28	赵某	90	86	89	55	18
29	孙某	95	86	91	55	19
30	曲某	100	97.5	97	57	20
31	于某	97.5	92	93	59	20
32	焦某	98.5	86.5	80	57	20
33	闫某	100	94	97	56	18
34	崔某	91.5	77.5	80	55	18
35	于某	93	90.5	77	49	17
36	徐某	92	74	93	50	19
37	刘某	97	96	86	58	20
38	董某	98	88.5	95	57	20
39	刘某	92	91	83	50	19

续表

考号	姓名	语文	数学	英语	科学	品德
40	张某	96	98	88	57	19
41	解某	94	90	88	56	20
42	张某	95.5	89.5	90	55	20
43	王某	98	97	96	56	20
44	乔某	95	80	84	37	20
45	房某	96	80	81	37	17
46	李某	93	93	97	60	19
47	周某	99	91	98	60	19
48	栾某	87	97	96	57	20
49	于某	93	96.5	95	59	20
50	战某	93	89	90	55	18
51	孙某	99	77.5	86	55	18
52	盖某	97.5	92.5	86	53	16
53	吴某	66	86	71	57	20
54	逄某	93	93	92	59	20
55	史某	96	80	90	58	15
56	董某	95	99	97	59	19
57	孙某	77	74	83	25	12
58	李某	95	94	93	57	20
59	鲍某	0	0	43	0	0
平均分		90.9	84.81	85.86	51.1	18.1

小学高年级学生课堂注意力调查分析数据综合表

调查时间	注意力能集中		注意力偶尔不集中		注意力不能集中	
	人数	百分比（%）	人数	百分比（%）	人数	百分比（%）
2012.09	21	36.84	27	47.37	9	15.79
2013.01	26	45.61	26	45.61	5	8.77
2013.07	38	67.01	19	32.34	1	0.65

第三节　课堂策略　案例分析

如何提高学生的课堂注意力

教学质量是学校的生命线,而课堂吸引力是这条生命线的大动脉。一堂课的吸引力决定着学生的注意力,两者构成课堂教学效益的百分比,是40分钟教学活动成败的制高点。学生在一堂课中学习的兴趣及自主、合作、交流的活动都直接与本节课的教学活动及设计是否对其有吸引力有关,课堂吸引力是把握学生注意力的杀手锏。一节注入式的课是无法谈及新课改背景下的课堂吸引力与学生注意力的。新课改背景下的课堂应以学生为主体,教师为主导,以正确处理知识与技能、目标与过程、情感与态度为基础,激发学生的学习积极性,帮助他们学会自主探索与合作交流。用一堂有较强吸引力的课去吸引学生的注意力,那肯定是令人感到高兴的。在课堂吸引力下驾驭学生的注意力,学生的学习活动会很有效,这样我们的教学目标也能得以完成。

一堂课,怎样才能称之为有吸引力？关键要看学生在做什么。

单纯说学生所注意的事项是课堂的吸引力是错误的,因为学生在课堂上注意的东西很多,如老师的衣着、同学脸上的污渍、突然落在窗台上的一只鸽子……而学生对教师所组织的教学活动的注意力才能称之为学生课堂注意力,这是课堂吸引力的表现形式,课堂上学生的所作所为则是课堂吸引力的直接反映。如何用有趣、生动的课堂来吸引住每一位学生,把他们的注意力集中到教学活动中来？每一位老师都在不懈努力着,比较普遍的做法是：

首先,熟悉教材内容,精心备课,大啃教学用书,借阅辅助资料,请教同事,不放过教材的每一小点。其次,了解学生的状况、班级的情况及个别特殊学生,做好基础工作。最后,就是准备教具、学具。这样在课堂上老师全身心地投入,精彩的教学活动,高潮迭起活跃的课堂气氛,不仅能让学生在活动中学习与成长,还能使整个课堂轻松、愉快,让学生在上课的同时享受获取知识的快乐,在教师的组织与引导下进行高效学习。

一堂课对学生的吸引力究竟是什么呢?

第一,教师对学生的尊重。教师精心备课、至诚投入,学生感到尊严被保护。老师是为学生而来,教师是为学生而教,学生才是主人。是主人就要得到主人的尊严,只要有了被尊重这一点,学生就会自觉、自愿参与到学习活动中来。最好的例子莫过于教师集体观课。

第二,教师的平等对待。承认和接受学生存在个体差异的现实,教学活动的组织、设计都要在这个基础上进行,善待学习困难的学生,让每一位学生都参与到教学活动中来,让不同基础的学生在学习上得到不同程度的发展与进步。教师应提供一个供全班同学学习的平台,对学困生来说,这点尤为重要。

第三,教师对学生兴趣的激发。关注学生学习的过程,更要关注他们在学习活动中所表现出来的情感与态度取向。只有教学活动能更有效地激发起他们的学习兴趣,才能更多地吸引学生的注意力。课堂教学的趣味性是课堂吸引力的重要指标之一,也是学生注意力能否集中的关键。

第四,教师对教学活动的创新。学生对任何活动都存在喜新厌旧的心理,教师要对教学活动翻新花样。这要求教师要有精湛的教学技艺,还要及时总结经验,给自己不断充电,以不断提高课堂的吸引力。

在课堂上,集中学生的注意力、提高课堂的吸引力,是一种难做难说的事,它触及的是教学活动的心脏。但只要我们留心学生、留心教材、留心教学,感受教学、善于发现、及时总结,相信会有一条通往"罗马"的大道!

在课堂上可以采用以下流程:

1. 导入新课

教师给学生讲故事(放录音)。

小刚和小红是同桌。在上数学课的时候,小红认真地听着老师的每一句话,看着黑板上的每一道题,不时地在笔记本上记录。而小刚呢,虽然也想好好听课,但是一听到窗外有鸟叫声,就情不自禁地想看看这鸟长得什么样;一听外面有人大喊大叫,他就想知道发生什么事了;还不时地用手摸一下衣服兜里的乒乓球,想着一下课就马上去抢占乒乓球案子。突然,他看见窗外飞进来一只小蜜蜂,在老师头顶飞来飞去的,那蜜蜂嗡嗡地跳着"8"字舞,可有意思了,他不由地笑出了声。老师看见了,要他站起来回答问题。这下他可傻了,老师讲什么他一点也没听进去,低着头,红着脸,紧张得不知所措。老师批评了他,然后让同桌的小红回答同一个问题。小红干净利落地回答了老师的提问。老师满意地笑了,对小刚说:"你可得好好向小红学习啊。"小刚惭愧地坐下了。

2. 课堂讨论

(1)小刚为什么回答不出老师的提问?小红为什么能回答老师的提问?

(2)小刚应该向小红学习什么?

(3)从这个故事中,你懂得了什么道理?

3. 课堂操作

(1)注意广度测验

找一些大小相同的玻璃球放在桌子上,然后用盖子把玻璃球盖上,不让对方看见。这时,告诉学生要注意桌上玻璃球的数量,然后教师在很短的时间内出示一些玻璃球;让学生说出这些玻璃球的数目,并记录学生的回答,看他能说对几次。

(2)注意集中训练

老师依次念一些事物名称(小猫、白菜、黄瓜、苹果、长颈鹿、西红柿、黄鱼、松树、蜻蜓),让学生听到动物名称拍一下手,听到植物名称拍两下手。

(3)注意稳定性训练

①听觉训练:找一个闹钟,听它的滴答声,并伴随着闹钟的声音,在心中默念"滴答、滴答、滴答……"。第1天念10个,第2天念15个,第3天念20个,第4天念20个以上,每天做8次,这样做5-6天就行了。

②视觉想象训练:首先在大脑中想象一个点,在这一瞬间除了这个点外,头脑中什么也不想,然后再延长这一点使点变成直线,然后再在大脑中描绘成旋涡状等简单图形;这样每隔一天,让图形复杂些,并用心多描绘几次,连续做10天。

(4)注意广度训练。用5秒钟看一些东西,如书桌上的物品、橱窗内的物品摆放,然后闭上眼睛说出这些东西的名称,越具体越好。

4. 课外作业:让小学生自己开展一些比赛活动,如"拣豆比赛""穿针比赛"等来锻炼自己的注意力。

集中学生注意力的九大策略

让所有学生集中注意力,神情专注地听讲,的确不是一件容易的事情。其实,学生跟成年人一样,如果他们不被当下的事情吸引,他们就会找别的让他们感兴趣的东西。在教师的会议上,你是不是也会发现有的同事在批改作业、私下里讲话或发短信?所以,对待学生的不专心,教师需要有一颗平常心。毕竟,任何人长时间坐着听别人说话,都会有走神的时候。

学生在课堂上走神的时间可以被称为"无效时间"。它不仅会给学生的学习带来干扰,还具有传染性。它会让其他原本专心的学生想:"其他人都没有专心,我为什么要专心?"

所有教师都希望学生在课堂上积极学习或积极聆听——学生全神贯注地跟老师或跟其他学生互动。在梅里尔·哈蒙和梅勒尼·托特所著的《激发积极学习》一书中,把学生在课堂上的学习主动性表现划分为4个等级:

最低的等级——第四等的学生对学习置之不理,第三等的学生半心半意,第二等级是负责任的学生,最高等级——第一等的学生是完全的积极学习者。

教师在课堂上应该密切关注学生的这4种状态,并掌握一整套的方法,提高他们的注意力等级。有时候需要根据教学的具体内容,发挥学生的多元智力,避免形式单一的讲授。比如,适当的身体活动可以让学生释放出过剩的精力,独立思考时间可以鼓励学生学会反思,组织有序的学生间互动交流可以确保所有人都在思考当前的任务。

这些活动虽然会花一些时间,但却非常值得,无论对于课堂管理还是对于学生的学习。以下就是资深教师、某教育咨询公司总裁特里斯坦·德·弗朗德维列提供的教师在课堂上用于集中学生注意力的九大有效策略。

1. 上课前做脑力热身

一个经典的热身就是让学生找错(上课前把材料写在黑板上)。让学生指出错误时,不一定只是让单个学生站起来一问一答,还可以组织小组间的合作与竞争。

具体操作:让学生以小组为单位给黑板上的材料找错,让他们在找出全部错误后举起手来,并用手指表示他们找到了多少处错误。找到错误最多的小组起来发言,其他小组可以表示不同意见。

2. 身体运动让学生集中注意力

让所有学生站在课桌后面,做一些简单的身体运动。做简单的身体运动能让大多数学生提起精神,而且教师很容易监督。

具体操作:可让学生伴随儿歌或算术口诀做拍手游戏或者设计一个拍手或弹指的节奏,教师做,学生学。每隔15~20秒变换节奏,让他们紧跟老师动作的变化。

3. 教学生如何合作

如果学生缺乏必要的培训,在进行项目学习或其他以小组为单位的教学时就会出现很多"无效时间"。教师可以在项目进行之前教给学生团队合作的技能,把无效时间降到最低。培养学生合作技能的活动可以跟教学内容没有关系。

具体操作:给每个小组一把剪刀,两张纸,10个回形针,一条10英寸长的胶带,让他们用这些材料搭建一个可自行站立的尽可能高的塔,时间20分钟。

在这个活动之前,跟学生一起制定一个团队合作的规则,包括在小组合作中大家应该遵守的行为规范。先让一半的小组开始行动,其余的学生安静地站在他们四周,当观察员。

20分钟后是汇报的环节。训练观察员在提出意见之前,先给出正面的评价,比如"他们……很好,我想他们是不是可以……"然后,两部分学生角色交换,此前做观察员的小组来建塔,看他们是否能够做得更好,此前建塔的小组做观察员,并对对方的表现进行评论。

4. 快速写作让学生安静下来并独立思考

当你感到学生对你的讲授兴趣减弱,或你想让学生在吵嚷的团队活动之后安静下来,你可以给他们布置一个快速小作文的作业。

具体操作:对可以问"你对……最感兴趣的是什么?""你对……感到困惑?""你对什么理解得最清楚?""你对……感到很厌烦?"

教师通常不情愿布置这样的作业,因为批改起来比较费力。解决这个问题,你可以让学生用彩色笔在他们希望你阅看的回答旁边画圈,也可以让他们在旁边写下几句话,解释他们为什么希望你阅看这一条。让他们知道,你一定会看他们画圈的段落,如果时间允许,你也会看其他的段落。

5. 在程序上完全掌控

当你在给学生进行讲解或布置要求时,防止学生走神显得尤其重要。在你开始讲话之前,对学生作出以下要求是很关键的:(1)绝对安静;(2)全神贯注;(3)"5只眼球"都在教师身上(两只在脸上,两只在膝盖上,还有一只在心上)。KIPP初中甚至对学生有更严格的"SSLANT"要求,即微笑(Smile)、坐直(Sit up)、聆听(Listen)、询问(Ask)、如果听懂就点头(Nod when you understand)和眼睛跟踪教师(Track the speaker)。

具体操作:在第一次给学生提出这个要求时,连续训练学生5遍。先让学生自行讲话,然后发出一个让他们安静的信号(从1数到3,摇铃,等等),等他们完全安静后开始讲话。

在最开始的两周要经常提醒学生,要让他们对自己的行为负责,明确告诉他们,你复述一遍之后,就不会再重复讲解。

6. 抽签决定谁来回答问题

用抽签的方式来选择回答问题的学生,可以让全班同学都保持高度警觉。需要强调的是,你营造的课堂氛围越是具有相互的支持性,学生就越有回答问题的胆量,而不过于担心受挫或被嘲笑。

具体操作:把每个学生的名字写在一张小纸条上,贴在小棍的一头,朝下放入一个杯子中。通过贴有学生名字的小棍来抽签,决定由谁来发言或回答问题。注意,你需要多准备一些问题,其中有的问题是所有学生都能够回答的。这样,成绩排在后三分之一的学生也能很好地参与进来,不至于总是碰到很难的问题而难堪。

7. 约定信号让每个人都能回答问题

为了确保所有学生都在积极思考,教师应经常提出一些问题,让每个学生都要准备至少一个答案,并让他们知道,你期待他们的回答,并等待所有学生做出他们准备好回答的手势。

具体操作:比如,在数学课上,教师可以问,"心算 54 – 17 有几种方法"(先减去 10,再减去 7,或先减去 20,再加上 3,等等)。在让学生作陈述或展示之前问学生:"这个展示你准备讲几个要点?"如果回答是数字,学生可以通过手势来告诉教师他们的答案。比如,让学生把一只手放在胸前,用手指来表示他们的答案(这样可以避免学生相互看见,不给那些爱炫耀自己想法多、想得快的学生机会)。

8. 综合使用各种教学风格

为了让学生始终保持注意力集中,教师还可以不断变换教学方式,综合使用以讲解为主和以学生积极学习为主的教学方式。

具体操作:在向学生作讲解之前,让学生两人一组,与对方交流各自此前已有的相关知识,并列出他们想知道答案的 4 个问题。教师在教室里快速走动,确保所有学生都投入。

为鼓励学生积极聆听,老师在讲解前给学生提供一个问题单。在讲解途中插入"快速写作"(方法 4),让他们两人一组分享各自的回答。通过抽签(方法 6)选择一对学生向全班同学陈述他们的想法。

9. 设置强调责任制的团队合作策略

要求学生"问我之前问三人",也就是说,让学生在向教师寻求帮助之前,先向本组内的所有成员寻求帮助。

具体操作:为了强化这条规则,当某组的学生想问教师问题的时候,教师询问该组的另一名学生,问他是否知道他的同学有某个问题。如果这个学生不知道,教师便有礼貌地走开,该组学生于是就知道该怎么做了。

另一个强调团队责任的方法是,告诉学生:"如果你认为你们小组完成了任务,请在 30 秒内找到我,并告诉我。"这个策略有助于让全组成员都承担起积极投入的责任。

案例分析

案例一：

小扬，男，我校五年级的学生，头脑较聪明，语言表达能力一般。但自制力较差，上课注意力不集中，无法专心听讲，经常在座位上扭来扭去，小动作多，玩玩手指头、动动铅笔，或不时跟同学交头接耳，即使是有很多老师在听课，也没办法控制自己。做事时难以集中精力，学习、做事不注意细节、粗心大意，做作业持续的时间很短，做了一小会儿，就不耐烦了，注意力很容易发生转移，外界环境的一点小小的变化就能引起注意，结果往往要把作业拖到很久才写完。经常不能完全按要求做事。做作业时，如果老师或家长在身边看着，则能更好地完成，否则就不能完成。学习、做事质量低，效率不高。考试经常不能在规定时间内完成。

1. 问题的成因与分析

（1）与孩子的年龄特征有关

他的父亲在他还没出生就去世，为了生计，母亲开了一个小吃店，没时间管孩子，小时候孩子都是跟外婆和小姨生活，由他们代管。所以他母亲就想早些送他上学。于是在他还未到上学年龄时，他母亲就迫不及待地把他送进了小学。可是由于孩子小，他的注意力不能有效集中，学习任务也就不能完成。慢慢地学习就跟不上了。同时孩子的坏习惯也已经养成。这时希望通过一两次的教育就让孩子改掉不良习惯，显然是不现实的。

（2）与家庭教育有关

由于从小失去父亲，外婆对他比较溺爱，使孩子养成了严重的依赖性，缺少自主性和自理能力，他的母亲想要管教孩子，可是她开小吃店，根本没有时间，从而导致了他不良的行为习惯。当母亲发现孩子的问题较严重时，就想自己来好好管教孩子，于是她让孩子放学后到小吃店去，可这时也常常是客人最多的时候，家长还是无暇照顾孩子，总是让孩子自己去学习，而由于客人的来来往往，孩子的注意力也就总受到干扰，无法集中注意力专心学习。

(3) 依赖心理

由于他年龄比就学年龄小。一开始就没跟上,母亲为了让他能跟上学习,请了家教,由于是一对一的教学,他完成任务的速度就有所提高。其母亲也说在家教处完成作业较快,这样也造成他有较强的依赖性,希望做作业时有人在旁边看着。因此,在学校时,如果老师在他旁边,他就能认真看题,较快地完成任务;如果老师离开,别人十分钟就能完成的作业,他就要写一节课,甚至更长的时间。

2. 教育和心理辅导过程

法国生物学家乔治·居维叶说:"天才,首先是注意力。"保持良好的注意力,是大脑进行感知、记忆、思维等认识活动的基本条件。在我们的学习过程中,注意力是打开我们心灵的门户,而且是唯一的门户。门开得越大,我们学到的东西越多。一旦注意力涣散了或无法集中,心灵的门户就关闭了,一切有用的知识信息都无法进入。良好的注意力会提高我们工作与学习的效率。因而,针对小扬的情况,应该要努力提高他的注意力,使他能自觉地把注意力集中到学习过程中,只有这样才能提高他的学习效率。

(1) 给小扬提供一个安静的学习环境。考虑到孩子是受家庭环境的影响,注意力容易分散,任何外界的一点动静都会转移他的注意力。所以班主任安排了上课比较遵守纪律的同学坐在他的旁边和前后,这样不会分散他的注意力,另外让他坐在教室靠前的位置,这样任课教师可以经常注意他并针对其不良的行为采取措施,当他分心时可以及时提醒他。同时课堂上尽可能地避免可能造成注意力分散的各种刺激。

(2) 在日常教学中,努力创设情境,吸引他的注意,调动他参与的积极性。低年级的孩子总时喜欢别人听自己说,而没有耐心去听别人说,对小扬来说更是这样,课堂上常常是同学在回答问题,而他却在干别的事情,因为他觉得自己没事可做,认为这不关他的事。因此每节课我都尽量让他有发言的机会,让他感觉有事可做。一开始我先让他重复别人说的,如说不好则要求他认真听,然后再重复,说得好则当着全班同学的面表扬他,或给他一颗小星星。让他从中感到愉快和满足,努力把他带到课堂中来,不让他的注意力游离于课堂之外。慢慢地则让他自己独立地来解决一些问题,让他体验到成功的快乐。

（3）个别辅导。每两周与他进行一次个别谈话,与他做一些训练注意力的小游戏,培养他的注意力,鼓励他专心读书。有时也进行一些抗干扰的游戏,训练他有意识地克制自己不受外界干扰影响。

（4）家校联系,相辅相成。在调整学校教育教学工作的同时,教师及时与其家长联系,相互配合,共同商讨方案。向其家长提供一些好的教育方法,帮助孩子养成良好的学习习惯。

①建议家长为孩子选择适宜的学习环境,孩子在学习时尽量不要被打扰。最好能有一个固定的场所,孩子在家的活动要有一定的规律,这样孩子更容易做到自我约束。

②建议家长帮助孩子建立独立学习、生活的自我管理能力。孩子虽然年龄较小,但也已是四年级的学生了,是孩子自己的事就尽量让他自己做,家长不要包办。不要看孩子动作太慢,就帮他做,这样他永远也快不了。从慢到快要有个过程,家长要多给孩子提供锻炼的机会。可以先让孩子做一些简单的事,如自己整理书包、记录家庭作业的内容、放学后自己能到固定的场所独立完成作业等。

③进行注意力集中的训练。刚开始时家长可根据作业量让孩子分时段来完成,这样孩子会觉得较轻松,又让他不断看到希望,做起来也就更有劲。只要在规定的时间内完成任务,就以各种方式的奖励措施来鼓励,以增添孩子学习的兴趣。一段时间后,再适当地增加内容和延长完成任务的时间,这样通过"定时法"和"延时法",来锻炼孩子的注意力。

④向家长提供一些训练注意力的方法和游戏。建议家长还要注意劳逸结合,张驰有度。作业与玩乐,学习与休息,应互相结合,科学搭配。在孩子学习之余,让家长与孩子一起做一些训练注意力的游戏,这样既可放松孩子的心情,又可训练孩子的注意力。如在一些图形中各写上一个数字,让孩子看一会儿,然后说出刚才看到了哪些数字,这些数字各写在什么图形上,有哪些颜色,各图形的颜色等,根据孩子的实际情况来确定看的时间的长短与图形数量的多少。由少到多,逐步增加。

3. 辅导效果

经过一段时间的辅导,小扬也有了明显的变化,最主要的变化就是他注意力的改善,在上课时能安静地坐在座位上,集中精力听老师讲课。活动量和小动作减少,无关的活动也少了,有效的听课时间增多了。但是过了一段时间后,老师发现他又有些坐不住了。

4. 辅导反思

小扬同学的案例,让我更加认识到激励对高级学生的作用、家校配合的重要性及学生习惯形成的反复性。因而针对类似的学生要循循善诱,不可操之过急,一定要取得家长的支持配合,对孩子的注意力进行一定的训练,以提高孩子的注意力,如果家长不支持,学校教育的效果也会大打折扣。在平时的教育教学工作中,既要创设各种情境,吸引学生的注意,调动学生参与的积极性,还要更多地关注孩子的优点和特长,并注意强化孩子的优势,通过多元评价、活动参与,不断地进行强化,使孩子意识到自己的进步,从而将自己的注意力转移到学习上来,最终养成良好的注意习惯。孩子的习惯养成绝不是一两天或一段时间就可以,在成长的道路上还会有很多的反复,因此需要老师与家长坚持不懈地进行辅导教育,特别是在孩子还小的时候,更需要老师和家长的关注。

案例二:

小卓,男,我校四年级的学生,上课的时候总是听一会儿,之后就不自觉地东瞧瞧、西看看,桌面上有什么东西都想玩,一支铅笔、一块橡皮都能让他玩上半堂课,每堂课老师都要提醒他多次。自然,他也没少挨批评。和家长也沟通过,可还是老样子。一堂课上要溜几回神,等到老师提醒而转过神来听课时,由于没听到前面的知识而跟不上,所以又去玩手边的东西。知识掌握自然不好,教师和家长都着急。他自己也知道上课应该认真听讲,可一上课又不自觉地神游了。

1. 剖析

现在的学生大多是独生子,在家都是父母的"小太阳",很多习惯都是娇生惯养形成的,因而上课时很容易受一些不良习惯的影响而分心。

其次孩子自我控制能力较差,未养成上课专心听讲的良好习惯,注意力不仅难以集中,而且集中的时间较短,具有瞬间性的特点,需要教师随时强化。

再次,客观因素方面也会影响小卓上课专心听讲。例如,对上课所讲的内容不感兴趣、不适应教师的讲课形式或不喜欢任课教师,而"迁怒"于听课。或者,平时他很少受到教师的关注,而教师的批评正是一种关注,学生潜意识里想得到教师的关注,所以不认真听讲。

不管是主观原因,还是客观原因,像小卓这样注意力不集中且不会听课的学生,对他们的成长是极为不利的。

2. 反思

造成学生课堂注意力不集中原因是多方面的,因此,作为教师必须进行细致分析,找准原因,才能对症下药:

(1)根据四年级学生年龄特点,上课时尽量多采用新鲜、有趣、生动、形象的事物来吸引学生的注意力。

(2)应用奖励效果集中注意力。首先,我给小学生们定个奖赏,听讲认真发一颗小星星,星星积多可以跟老师换本子、笔,由于小学生好胜好强心理,就促使他们尽力集中注意力,一阶段进行总结评价,对发星星的同学表扬鼓励,并让他们发表获奖感言。让他们看到自己闪光的一面,从而激发了学生的学习积极性。

(3)对于上课不认真听讲的小学生,平时还要给予他们较多的关注。小学生都希望得到教师的关注,比如,平时交往中,我常常摸摸他们的头,拍拍他们的肩膀,让他们感到自己在教师心目中是有位置的。在上课的时候,还可以经常提问,让他们回答问题可以有三个好处:一是可以使他们集中注意力听课;二是可以促使他们思考问题;三是经常受到教师提问的学生,不会以不注意听讲或搞小动作而吸引教师的注意。

(4)呵护自尊。在没有犯大的错误的情况下,尽量不要给予严厉批评,否则会适得其反:因害怕老师而导致讨厌老师讲课。尤其还要呵护孩子的自尊心,多鼓励孩子,与孩子交朋友,说知心话。孩子的上进心和自尊心正是可以利用的教育资源。如果能看到孩子身上这种上进心和自尊心,就能掌握教育他们的金钥匙。

(5)适时沟通,拉近距离。记得我在读书的时候我们有一个地理老师,上他的课没有一个人想睡觉,天南海北任他讲,但是我们的成绩还是数一数二的。课堂四十五分钟内,学生有二十几分钟听课就不错了,为何不利用剩余的时间和同学们沟通一下,几分钟就能再次提起学生的精神。

(6)训练强化。坚持每天训练5分钟,学生的注意力水平就可以得到逐步提升,随着注意力水平的提升,孩子的学习成绩就会出现快速的、明显的提升。

(7)摸准学情,有效关注。教师要主动去摸清孩子的家庭背景、成长过程,对他的成长经历、家庭环境给予特别关注。从理解、关心、鼓励等方面入手,引导儿童建立良好情绪、主动与别人交往、进行自我肯定,减轻儿童内心的不适,让儿童学习的状态自然、轻松,引导注意力的正常表现。

(8)言传身教,人格感染。教师走进教室必须表情自然、亲切,面带微笑满怀信心,使学生心情开朗。不要把不愉快带进教室,影响学生心情。课前适当设计开场白,因为开场白也会影响学生心情。一天的学习中,学生在午后或近午的课堂情绪显得比较低落,如果精心设计开场白,并且用饱满、热烈、欢悦的情绪说出来,学生会感到新颖而生动,产生注意力。

另外板书应写正楷字。小学生的模仿性较强,如果教师能写一手工整的粉笔字,学生将会感兴趣,从而集中注意力。

教学实践中,以上几种方法灵活交叉使用,能有效激发孩子们的学习积极性,课堂注意力明显改善,学习成绩也有了很大的提高。特别是小卓等同学由原来的学困生提高到优良生。

总之,每个学生都有自己的个性,老师要细心观察,采用不同的方法,因势利导,肯定会收到意想不到的效果。

案例三:

小龙,男,我校五年级学生,聪明好动,爱好看书,课堂高兴时思维活跃,积极发言。他的坏毛病主要表现在以下几个方面:上课时会与同学讲话或做小动作,学习习惯差,经常不完成家庭作业。

古希腊医学家希波克拉底曾说过:"了解什么样的人得了病,比了解一个人得了什么样的病更为重要。"作为教师,只有了解了他的心理特点及其成因后,才能有针对性地对他的心理教育和心理监护,使他的心理健康发展,树立信心,从而在本质上转化他,进一步提高心理教育的效率。

1. 给予精神上的支持和鼓励,促进转化

教育家陶宏开先生曾说过:"每个孩子都有积极向上的愿望。"小龙同学要克服不完成作业、懒散等诸多的坏习惯,是一个长期艰难的过程。不能用老眼光看待他,而是首先看到他喜好读书的长处,给他表现长处的机会,并用自身的行动率先垂范,最终点燃他内心上进的火花。

2. 制定奖励措施

上网是小龙最喜欢的活动,他上网是为了及时了解国内外大事和查找资料。因其学习不好,父亲不让他上网,怕他打游戏或聊天。为此,教师与小龙约定:如果两天都坚持做作业,就奖励他一张自己设计的网卡,累计四张以上,就可以在周末上一个小时的网,连续一个月表现好,就为他争取参加学校的信息技术兴趣小组,后来他如愿以偿了。

3. 深入家庭,进行家教指导

首先,要帮助家长提高思想认识、转变观念,使家庭教育与学校教育形成合力。可以利用家长会向家长提出:"凡是孩子自己能做的事,都要尽量让他自己去做。"通过培养孩子的自理能力和帮助家长做家务,进而培养学生良好的劳动习惯。其次,当教师了解到他晚上经常独自一个人在家时,就建议家长尽量抽时间早点回家陪陪孩子,尽量使孩子感受到家庭的温暖和关爱,不再有孤独感。再次,教师按照与小龙的约定与他的父母进行了沟通,希望他母亲督促孩子按时完成家庭作业,经常查看孩子的作业;同时,不要以分数来衡量孩子的成绩,当他的成绩不理想的时候,建议他的父亲也不要简单地以打骂的方式来教育孩子。这样,通过教师、学生与学生家长之间的良性互动,逐步帮助孩子养成自觉学习的习惯,也改变了家长对家庭教育的认识,提高了家庭教育的质量。

4. 引导集体关注他,满足其强烈的归属需要

小龙在读书会上的发言令同学们刮目相看。于是,班主任趁热打铁,引导集体关注他、接纳他。利用晨会、班会等恰当时机做好班级学生的思想工作,告诉他们不能因为种种原因而孤立班集体中的任何一员,向学生讲述团结、合作的重要性。并且教育大家要以发展的眼光看待他,要正确对待他的

变化,以集体的耐心去接纳他的缺点,欢迎并欣赏他的变化;召班干部带头和他一起玩耍,如果他有什么困难,引导他们要主动去帮助,以此来带动全班学生对小龙态度的转变。

俗话说:"十年树木,百年树人。"人是最难塑造的,虽然小龙同学的进步已有目共睹,这只是小学教育过程的一部分,只是他成长中的一个起步,不能说我们已经取得了彻底的成功。我们也认识到,心理和思想教育是一项长期的、艰巨的任务,也是一项技术,需要每一名教师的努力探索,选择最佳的教育方法,取得最佳的教学效果。

案例四:

小方,我校四年级学生,是一个长着圆圆小脸的可爱女孩,她长长的马尾巴上跳动着一个粉色蝴蝶结,一幅文静乖巧的模样。小方上课漫不经心,总爱摸着尺子、橡皮之类的小东西,还时不时低下头吮咬小指头。更糟糕的是:课堂上她常常打瞌睡,去医院检查也没有发现身体上的问题。经常不交作业,正确率低却整洁清秀;小方平时比较沉默,对学习没有什么兴趣,课堂上基本不举手,回答问题时她声音也小得如蚊子。不太跟同伴女孩玩,成绩全班倒数。妈妈说夫妻俩平时上班太忙,难得管她。

1. 分析

班主任通过与家长的几次沟通得知,小方一岁多时,父母为了生计把她托付给孩子的伯伯、伯母照看。而伯伯、伯母平时也忙,无暇顾及孩子太多,有时就把孩子锁在小房里。因此,孩子与伙伴一起玩耍的机会比较少,动作、反应都显得比同龄人迟钝。小朋友们嘲笑她,有些调皮的男孩还欺负她。长期以来的恶性循环,她的性情更加孤癖了,不知道从什么时候开始,喜欢吮吸起小手指来。心理研究表明,儿童的这种怪僻行为其实源于心理问题。它与缺少亲情关爱有直接关系。当孩子焦虑或紧张不安时,便会倒退到婴儿期,用吮吸来满足口腔欲望,以减少其内心忧虑。

小方自信不足,但她是一个非常爱美的女孩。有一天,我看到她低着头,眼睛红红的,原先的马尾长发已变成了短发,只是没剪好。我随手摸了摸她的脑袋说一句:"怎么把那么漂亮的头发给剪了?回头让妈妈再请人给修整齐些吧!"孩子什么也没说,把头更深地埋下去。此后,我也就没再关注她的头发这样的"细节"问题了!

后来的一次家长会,我才了解到孩子剪头发后,开始是死活不愿来上学,终于被逼着来了。之后是更加沉默寡言。可以想像,面对当时老师的发问,她正忍受着多么大的委屈和痛苦。一个把漂亮看得如此重要的女孩,发现自己的美丽被摧毁和破坏,其稚嫩的心灵所遭受的无异于灭顶之灾,而我当时最关注的是她上课是否用心听讲,听写又错了几个生字,应该怎么补救,根本无视或者说完全低估了一头被剪坏的头发竟是一个爱美女孩最深的痛,痛到可以让她在家哭闹不休,痛到可以让她害怕、厌恶甚至绝望、不想上学,痛到只想逃避远遁。

就这样,由于关爱缺失导致孩子胆小、孤僻的性情,表现在行为上就是反应较迟钝、缺少同伴、上课注意力不集中、学习差等。孩子在集体中难以被认可、难以获得愉悦体验,于是,她本能地逃避着这个只带给她压力、被耻笑甚至伤心的环境——学校生活和学习活动。空虚中,一些生理癖好也随之而来,如吮咬、嗜睡。对于她的嗜睡,这种超出一般的非器质性的嗜睡背后果然是客观存在的心理因素。当一个人无法从某环境某活动中得到积极的体验,没有信心,对什么都提不起精神时,"嗜睡"这一"爱好"便长驱直入,代替心灵进行下意识的"抗议"和逃避。

孩子因少爱而引发的个性扭曲、日渐凸显的上课注意力不集中甚至厌学现状,应当引起重视。孩子的学习可以慢慢赶,心灵所受的痛楚却会慢慢沉积,对孩子一生的影响发展将是深远的。而修复补救又是一项更加细致的心理健康工程。

2. 辅导策略

(1)俯下身子,关注、赞美,取得信任

孩子属于抑郁气质类型,对她的辅导绝对不能急于求成,要尽量不露痕迹,否则很可能事与愿违。比如,看到她短发上别着一个美丽的蝴蝶结,班主任会不经意走过她身边,很有兴趣地摸着她的蝴蝶结,由衷地加以赞美:"哇,有一只美丽的蝴蝶落到了谁的头上?"同学们闻声都转过身来看,啧啧地赞叹。小方的小脸绽放成了一朵花。在这些看似不经意的关爱下,小方越来越活泼,越来越自信。

(2)家校常联系,让孩子体验亲情温暖

班主任多次家访,就孩子厌学的原因与小方父母进行交流,就家庭心理教育方法提出了一些较好的建议。孩子父母也欣然接受,并表示夫妻二人中一个暂不做事,在家好好带两个孩子,辅导孩子的功课,照顾生活起居等。一天天下来,小方的衣着更加整洁了,整个人也显得更加活泼、有生气。

(3)培养孩子集体意识,使其产生较强的集体归属感

人本主义心理学家马斯诺认为,人在满足胜利与安全需要之后都会寻求一个自己所归属的集体,由此获得他人的尊重和帮助、关心和爱护。对于小方这样敏感孤僻的孩子,培养其在集体生活中的安全感、信赖感,发展鲜明的个性,更好地认识自己尤为重要!

①赏识她的优点

如:小方自理能力一向比较强,每天总是把自己收拾得清清爽爽的,利用孩子这一闪光点,班主任把班级擦黑板及讲台的清洁工作承包给她。小方清洁值日时踏实肯干,每节课前都把讲台打扫得干干净净,得到了同学们的认可。从那以后,她在学习上比以前主动了,和同学们的交流也渐渐多了起来。

②抓住契机,及时鼓励

因为学习基础不太好,加之嗜睡,小方的成绩一直不理想,但书本保管得很好。这不是很好的契机吗?在班会课上,班主任把她的作业本和工整的书写展示给大家看,表扬小方爱护书本、认真写字的好习惯。之后又趁机对她的课堂表现和家庭作业做了基本要求,还让班上成绩好、性格开朗又乐于助人的张敏与她结成了学习对子,以帮助和督促她的学习。

③引导积极参与集体活动,感受同伴浓浓友情

课间活动时,班主任故意走到跳皮筋的一群女生中,建议她们增加人员,分家跳。小方自然加入了。其实小方很有运动天赋,很快就融入了伙伴中。她一边跳一边说歌谣,旁边的小伙伴一起附和着,小方头上的蝴蝶结随之上下飞舞,红通通的小脸上洋溢着开心和满足。就这样,孩子脸上的笑容更多了,眼睛变得越来越有神采,成绩也慢慢地赶上来了。因为学习生活中增加了不少让她感兴趣的内容,嗜睡的毛病也改善了许多。

3. 辅导成效

经过系列辅导行为后,小方的情绪有了很大改善,与人交往也趋于正常了。可以说取得了一定的成效。归结起来,有赖于下面几点:

(1)在辅导她的过程中,教师首先做到了共情,表达出对她充分的理解,使她更真诚地信赖我,为我的各种辅导方法的实施奠定了良好的心理基础。

(2)采用了家庭疗法。小方的家庭成员积极配合,认真听取了老师的建议。

(3)由始至终,理解与耐心缺一不可。在走出厌学低谷的过程中,小方的情况出现了几次反复,对此,教师表现出充分的理解,使得她可以渐渐放松,在没有思想负担的情况下成长。

但愿我们的老师和学生有更多的渠道增加彼此间的理解和沟通,让美丽的粉蝴蝶在孩子的心灵中飞舞,让更多的厌学孩子走出来,充满热情地回归到正常的、学习生活中去。

心理健康教育活动课学生感言

在心理健康教育课堂上,我一直有针对性地对学生进行注意力的训练:运用积极目标的力量(就是教学生给自己设定一个要自觉提高自己注意力和专心能力的目标,自觉并坚持完成目标)指导学生学会排除干扰,对学生进行感官的训练。比如:我是坚强的小树、玩扑克、开火车、顶乒乓球、给数字画线、指读数字、复述数字、智力训练、堆火柴棍、钟表训练、舒尔特方格法、拼图、用7分钟写完1—300数字、捡豆子、走迷宫、认真做课间操、拍球、反口令等等。每次活动之后,我都会让学生写下活动感言。以下摘抄了学生在参加活动课之后的感受。

今天下午的心理健康课上,李老师领着大家做了一个有趣的小游戏。首先,我们要把手掌都伸平,掌心向下,然后右手的食指顶在临近同学的左手掌心上。当老师说"四"的时候,我们就应该快速地收回自己的食指,同时抓住别人的食指。这个游戏需要高度集中注意力,如果分心的话,很可能被别人抓住自己的手指,并且自己还抓不住别人的手指。第一次,我成功地抓住了于心丹的手指,收回了自己的食指。我觉得这次成功,是因为我很专注,很认真。第二次、第三次抓手指,我虽然没有抓住别人的手指,但成功地拿回了自己的食指。第四次抓手指的时候,我抓住了别人的手指,我自己的手指也被抓住了。我总结了后三次失败的原因是,我的注意力只在一只手上,忽视了另外的手。这个小游戏让我明白,要想学习成绩好,就要专注地听老师说的每一句话,老师在课堂的每一个指令都很重要,要记住,并记在心里。

——小伟在"抓鱼逃"游戏之后的体验

今天下午,我们跟着李老师做了一个有意思的游戏。真的,同学们就爱玩游戏。一听老师说玩游戏,大家顿时精神起来啦。李老师告诉我们活动的规则是:大家围成一个圈,右手食指竖起来,左手的手掌心朝下,每个人的右手指都抵在临近人的左手掌心下面,当老师一说"四",我们的左手就要快速地捉住别人的手指,同时自己的手指要迅速地撤回来。老师还说,这个游戏考验的是大家的注意力,谁逃成功又能抓住别人的手指,谁的注意力就最集中。游戏开始了,老师说到"四"时,我注意力没集中,迟钝了一下,很遗憾,我没抓住别人的手指。但又很幸运,我的手指没有被别人抓住。第二次游戏开始了,李老师一说到"四",我就赶紧把右手缩回去,左手赶紧抓住另一个人的手指。我觉得我的反应够快了,可是,我的手指还是被小英抓住了,我的另一只手也没抓住小玉的手指。第三次的游戏结果还是这样。我暗暗下了决心,要再快一些,我总结了前三次失败的原因,那就是我的注意力还是不够集中。第四次游戏的时候,我注意力高度集中,认真地听着老师的每句话,没想到老师开始绕弯子了,大家都学会抢动作了,惹得大家开心地大笑起来。老师突然又说了"四",我以迅雷不及掩耳之势,迅速地缩回了右手,同时,左手抓住了另一个人的手指。这回我终于成功了!通过这次的游戏,我真的明白了,上课一定要注意力高度集中,认真听老师讲课,这样一来,所有的知识都会很简单。

——小位在"抓鱼逃"之后的感言

下午第一节课的时候,李老师带领我们大家做了个小游戏。玩游戏的时候,我感到很紧张,就像怀里揣着几百只小老鼠——百爪挠心。游戏开始了,李老师笑眯眯地说:"同学们,将你们的右手伸出食指,左手掌心伸平,掌心向下,所有人的右手手指都抵在临近人的左手掌心下。我说一段话,每当我说出'四'的时候,你们的右手要迅速地逃离别人的掌心,同时左手要抓住别人的手指。"我们做好了准备,李老师开始说话了:"时间过得真快呀!你们已经从三年级升到四年级……"哈哈哈——我抓住了小峰的手指,又逃出了小毅的魔爪!集中精神做一件事,也不是很难的嘛。下面的一次,我虽然没有抓住别人的手,但是也没有被别人抓住,我的心里有那么一丝丝的遗憾,真是一无所获呀!我觉得我要静下心来,集中精力。可是第三次还是一无所获啊。在今天的小活动中,我悟到了一个学习的秘诀,那就是——集中精神听好课,准会有收获!

——小文的活动体验

"在我坚持不住的时候,我对自己说,加油,不要放弃,坚持就是胜利。"

——小靖体验"我是坚强的小树"后的感悟

"我终于战胜了自己,克服了困难。经常做这样的运动可真好呀!"

——小英体验"我是坚强的小树"后的感悟

"开始做吧,我想做这些活动有什么用啊,我连续做了两次都输了,我心中有无数的后悔,不过,以后这样的活动我会坚持下来!"

——小新体验"我是坚强的小树"后的感悟

星期三下午的第一节课,我们快步来到操场。在李老师的带领下,我们跟着老师做单腿站立,双手放平,双手然后慢慢在头顶上方合掌。老师给我们计时,坚持了不到一会儿,就有同学东倒西歪了,我在心里告诉自己:坚持住,静下心,多站一会儿。我想象自己就是一棵扎根生长的小树,果然,身子也不东倒西歪了。活动结束的时候,我跟李老师和同学们分享我站立时的感受,我说:"当时我的心里只想着站稳,立住,其他的什么也没看也没想。"就为这句话,李老师竟然表扬了我,说我动作和心想的一致,还让同学们向我学习。我心里很得意。

——小斌在体验"坚强的小树"后的感悟

我从来没有想到要集中注意力,必须要让眼、耳、口、手、脑"齐心协力",这样学习的效果才能达到最佳。我要坚持每天晚上或早晨练习一下,来提高我自己的注意力,比如,左右手同时画图,快速记数字。

——小露在"这样学习效率高"一课后的感悟

从这节课中,我认识到了集中注意力的重要性。我体会到了要集中注意力,必须让眼、耳、口、手、脑统一起来,才能做到注意力集中。此外,我们每天都要练习注意力,比如:打羽毛球,这项体育活动也是我喜欢的。

——小文在"这样学习效率高"一课后的感悟

上了这堂心理健康课以后,我才知道人为什么要长眼、耳、口、手、脑,在学习的时候,这些都要一起使劲,就好比众人拉车,有一人不使劲,拉起车来就会很费劲。学习的时候,眼、耳、口、手、脑也要一齐用力,新知识学起来才不会感到费劲。如果每次上课都有注意力不集中的时候,每天知识就会少学一点,天长日久,学习就落后了。

——高某在"这样学习效率高"一课后的感悟

学习了这一课之后,我知道了"眼、耳、口、手、脑"一起集中做一件事是多么的简单,这比三心二意做事情效果好。在生活中,我们无论做什么事情,只要精力高度集中,就会事半功倍。

——小梦在"这样学习效率高"一课后的感悟

自从上了金芝老师的注意力训练的心理健康课之后,我终于知道眼、耳、口、手、脑一起做一件事比同时做很多事情要好了,因为那样会让人分散注意力。而集中精力做一件事,质量也很好。我记得小寒以前说过他做家庭作业的情景。小寒一边听着音乐一边做数学题,结果最后光顾着听歌去了。还有我体验了两只手同时画画,是画不好的……上完这堂课,我真正体会到了小学生上课时是不能分神的。不过,在生活中,是可以同时做两件事的,比如,边吃饭边看电视……我把这个观点跟老师说的时候,老师说,当注意力在电视上时,要么会忘记咀嚼,要么食而无味;当注意力在饭上时,电视节目或错过一个或几个镜头……仔细想想,对啊,我怎么就那么佩服李金芝老师啊。送给自己一句话:只有集中精力学习,才能取得好成绩。

——小辉在"这样学习效率高"一课后的感悟

今天,在阳光明媚的下午,我的心理健康老师——李老师带领我们全班同学体验了一下当盲人的感觉。我的同位帮我系上衣服,我的眼前就一片漆黑。我的同位扯着我的手,我却怎么也不相信同位告诉我的话。只要我的脚一抬起来就不敢放下,我特别害怕摔倒、绊倒或者一脚踩空。我想到了一篇课文《盲道上的爱》,想到那些一生下来就什么也看不见的人,他们那么珍爱生命、热爱生活,就这么一会儿的工夫,我就不相信同位的话,实在是做得不好。其实我同位告诉我的每个指令都是正确的。同学之间不但要学会竞争,还要互相帮助,当同学有了困难,我应该主动去帮助他们。

——小颖在体验盲行活动中的感受

今天阳光灿烂,是一个不寻常的星期五,老师让我们体验了一次盲人。我同位用外套把我的眼睛捂得结结实实,我无论从哪个方向看,都是黑漆漆的。老师说让同位做我的拐杖,领着我去趟厕所。我同位真是尽心尽力地告诉我怎样走,但是他说的每一句话我都不敢相信,更别说是上坡还是下坡的指令了,所以,我走的时候总是撞门,还摔了一跤。其实都是不听同位的话造成的。我想起上课的时候,我总喜欢玩,同位提醒我要认真听讲,我很烦他,觉得他在多管闲事。现在我知道了,要相信同位对我的帮助。

——小航在体验盲行活动中的感受

李金芝老师像个魔术师,她先教我们用卡纸折出一个正方形,然后教我们在正方形的卡纸上画出七巧板的线条,然后用剪刀把它们剪开。现在我们每个人都有自制七巧板了。接下来,就是我们发挥自己想象力的时候了。我还在思考拼什么图案的时候,有很多学生已经拼出了小鱼、小狗、小猴、树、房子图案。老师说,看看谁拼出的图案多。我一下子想起了狐狸,我拼了个金狐狸给老师看,李老师很高兴,给我拍了照,还在班级说,想别人还没有拼出的图形那才好呢,我又想到了拼火箭。老师又给我的拼图火箭拍了照。这节课真有意思。

——小翔在"七巧板的世界"活动课后的感言

今天的第一节课是李金芝老师的心理健康游戏课。

老师先讲了游戏规则:每排上来一位同学,看一张纸条,把纸条上的话悄悄地传给上台的第二位同学,声音要小,只要对方能听到、能记住就行,不能让台下的同学听到。一直传到最后一位。最后一人大声念出所听到的话。李老师先找了一组同学,我也是其中一位。游戏开始了。老师拿出一张纸条给第一位同学看,第一位同学看了一会儿,悄悄地告诉第二位学生。传到小尚这儿时,他好像把听到的话吞进去了一大半,只传了大约一秒钟就没有内容了。传到小静时,她眉头紧锁,又不自信地把话传给小婕。不知怎么的,小婕也没有听清楚,一脸疑惑地请求老师同意让小静再说一遍。老师见小婕可怜兮兮的,就说:"好吧,下不为例。"传到我这儿了,我的顺风耳不起作用了。本想偷听前面的答案,却被后面的一个同学不客气地阻止了。我心慌了,于是胡乱编了一句。这个活动之后,我有了深刻的体会,听话的时候注意力一定要集中。不要总想着走捷径。学习知识也是这样的,上课的时候注意力不集中,对老师讲的知识就会一知半解,学习成绩就会下滑。

——小瀚在口口相传开火车活动后的体验

金芝老师教我们画了4*4的舒尔特方格,然后又分别教我们制作了5*5、6*6的舒尔特方格。制作完了之后,我和同位交换我们制作的舒尔特方格。金芝老师给我们计时,让我们集中注意力按顺序找数字。以前,教我的老师经常说我上课走神,写作业不专心,可以说,这个训练对我来说太有必要了。我在找数字的时候,心里不知为什么,很着急,找了半天也找不到要找的数字。在老师规定的时间内我没有找完数字。我失败了,我知道了做任何事都不能急躁,一急躁就会出乱子的。第二次,我静下心来慢慢找,果然成功了。课后,我还要制作7*7的舒尔特方格,训练自己的注意力。

——小浩在体验"舒尔特方格"计数后的感悟

今天老师拿来了一摞木板和很多乒乓球,她神秘兮兮的。讲了一会儿课后,她说要提高自己的注意力,一靠自己的意志力,二靠平日的训练,今天训练端球走路,要保证球在板子上平稳,不落地。这有什么难的,我觉得太容易了。轮到我端乒乓球走路的时候,我发现这个小球一点也不听话,只要我轻轻地呼一口气,它就想着往地上掉。我憋着气,眼睛一眨不眨地瞅着小球往前挪。突然,我旁边的同学不小心碰了我一下,我的胳膊晃了一下,球差点掉在地上,好险啊!就这样,我一步一步地往前走,好几次小球还碰了自己的衣服。我终于走到了终点。我太高兴啦!

——小韵在体验运球比赛后的感悟

第二章　小学高年级学生课堂注意力的培养实践探索

今天,我们写从 1 到 300 的数字,写数字的要求是一气呵成,不出错。李老师给出这个要求,全班都议论纷纷,这太简单了。老师说本来计划规定时间的,看我们这么有信心,就不规定时间,自由写。教室里静悄悄的,只听见沙沙的书写声。写前 100 个数字的时候,还是很简单的,可是我写完 109,再写 110 的时候,我写成了 111。啊呀,前功尽弃了,我失败了。李老师说,写错了再接着写下去,只要注意力集中,就一定能成功。我相信我自己一定能行的。

——小林在书写 1—300 个数字过程中的体验

李老师叫我们写 1—300 个数字的过程中,我在心里告诉自己,写到 48 再写 49 的时候,我就出错了,我写了两遍 48。我知道了,我越要求自己不要写错,就越容易出错。虽然老师给我们讲过眼、耳、口、手、脑要统一协调,但是我的手、眼、脑全乱套了,而且我的手心都出了很多的汗。我做了个深呼吸,重新写起来,这次我写到了 226,我觉得做深呼吸是有效果的。

——小凡在书写 1—300 个数字过程中的体验。

李老师的主意真多啊,这么简单的问题她也想得出来。我拿出一张纸,老师说了"开始写"的指令时,我就开始认真地写起来,写到 131 的时候,我的手有些累了,我的大脑告诉自己,坚持写下去,可是,我的手一抖,明明要写 132,却写成 133 了。我的体会是,像这样的注意力训练平时应该多练习。只要坚持练习,注意力集中的水平一定会提高,学习成绩也会进步的。

——小真在书写 1—300 个数字过程中的体验

我很幸运,跟郝同学参加搭积木比赛。郝同学平时学习成绩不如我,所以,我很有信心能胜过郝同学。老师说,这个搭积木的活动就是锻炼同学们的注意力水平,注意力集中水平越高,搭得积木就越高。在李老师说"开始"的时候,我和郝同学就开始各搭各的积木。我在搭自己积木的时候,也在偷看郝同学搭积木的高度。我搭的积木总是比不上郝同学搭的积木高度。我心里很着急。终于,我在拿那块比较长的积木的时候,我衣服的一角碰了我搭的积上。于是我搭的积木倒了。最后,老师用尺子量了量我俩搭的积木,郝同学搭的积木比我的高了 68 厘米。老师让我俩谈感受,郝同学说,他心里什么也没想,就在一心一意搭积木。我呢?三心二意最终让我失败了。

我要向郝同学学习一心一意做事情的精神。

——小孟在搭积木比赛后的感言

学了《约翰的胡子》这个小故事，我想了很多，我觉得我有时也跟约翰一样，很在意自己头上更换的新发卡，可是戴了好几天都没人注意。李老师给我们讲了为什么大家都没有注意约翰的胡子，那是因为大家都在忙着自己的工作，注意力都集中在自己的工作中。我的新发卡没人注意，也是因为大家的注意力都集中在学习上。想到这儿，我觉得很惭愧。当我的注意力都集中在大家有没有提及我的发卡的时候，同学们都在认真学习。他们比我多学了多少知识啊！我得赶上去！

——小娇在学习了《约翰的胡子》一课后的感言

今天下午的活动课，李老师让我们把自己从家里带来的各种豆子集中起来，绿豆一堆，红豆一堆，大米一堆，玉米粒一堆。李老师把这四堆分了组，绿豆和玉米粒一组，红豆和大米一组。每一组老师分成了四份。这样共有8份混合豆，李老师把我们全班也分成了八组。把混合豆分发给了我们的组长。老师说计时分拣豆子比赛，看看哪一组最先分拣完。拣豆比赛开始了，大家热情非常高，教室里也非常安静。我们的小萱组长给我们分了工，我和小杰、小鑫分拣绿豆，她和小欣、小熙来分拣玉米粒，我们大家都专心致志地拣自己的豆子，不一会儿就拣完了。可是我们的成绩不是最好，小宇组速度最快。李老师让我们分享感受，原来小宇组所有的成员都在拣一种豆子，全部拣完后，把剩下的豆子撮起来就OK。他们实在是太聪明了。原来集中精力做一件事也需要方法呀！

——小涛在捡豆子比赛后的感言

第三章 03

课题《小学高年级学生课堂注意力研究》相关材料

第一节　课题研究申报表

单位(盖章):莱阳市西关小学

课题名称	小学高年级学生课堂注意力的培养研究					
课题负责人	姓名	李金芝	性别	女	出生年月	1977.01
	职务(骨干批次类型)	副校长、国家二级心理咨询师(第二批名师)	职称	小学高级教师	联系电话	15106571377
	研究周期	2012.09—2013.09		电子邮箱	cxlijinzhi@sina.com	
课题组主要成员	姓名	性别	教龄	任教学科	任教年级	是否骨干教师
	吕艳玲	女	18	语文、心理健康	四年级	是
	曾　洁	女	18	美术、心理健康	四年级	是
	张　伟	男	13	语文、心理健康	二年级	否
	李　华	女	8	语文、心理健康	三年级	否
课题的提出(实践中的困惑与问题)	在平时教学中,常常碰到这样的情况:同一班级,有些学生学习专心致志,从不受任何干扰,认认真真地学好各门功课;有的虽然思维敏捷,但不能自律,常随便说话、做小动作;有的上课看似认真,实际上心已飞出教室,想些与课堂无关的问题,如踢球、玩游戏等,以致老师叫他回答问题,他才如梦初醒,连问题都没听清;有的学生很难集中注意力,做作业、看书总是静不下心来;还有的学生做功课时,总要弄一些"玩"的小插曲,做作业漫不经心,疲疲沓沓,边做边玩,结果作业时间长,差错不少,使得自己学不好,玩不好。因而这些学生的学习成绩常不理想。 　　学生为什么会出现这样的情况呢？这与个人的心理成熟和心理发展水平是密切相关的。究其主要原因,后者是出现了注意心理问题,注意品质不良,甚至出现了注意力心理障碍。注意是心理活动对一定对象的指向和集中,是人认识事物必不可少的心理条件。若离开它,头脑中不可能留下知识和经验的印痕,就会视而不见、听而不闻。只有注意地感知、记忆和思考,才能清晰、正确、全面地反映事物。所以,有人把注意形象地比喻为心灵的"门户"、智慧的"天窗",知识的阳光只有通过它才能照射进来。有的学生学习成绩差,并不是他整体智力水平低下,而是缺乏良好的注意心理素质。学习时通向心灵的门窗关着,就不可能很好地接受和掌握知识。因此,提出《小学高年级学生课堂注意力的培养研究》这一课题。					

续表

课题研究的主要内容	1. 分析小学高年级学生课堂注意力差的分类及成因。 2. 研究形成加强小学高年级学生课堂注意力的有效策略及方法体系,建立提高小学生注意力的方式方法。
拟解决的关键问题	1. 培养学生的自律能力,养成良好的注意习惯,提高抗干扰能力。 2. 探索培养小学高年级学生课堂注意力的有效策略及方法。
拟采取的行动与方法	我们尝试通过以下几个行动措施加强小学生的注意力: 1. 疏导法。疏导法是要因势利导,多压担子,多出点子。激励学生把优点发挥出来。 2. 诱导法。可以通过教师的表率作用、名言、有教育意义的故事、树立榜样等方法诱导学生,培养学生良好的注意力。 3. 练习法。练习法主要是引导学生学会宽厚待人,时刻保持平衡的心理。练习注意力的方法可分为直接和间接两大类。 4. 强化法。强化手段可通过检查、评比、号召学生互相监督,对优秀者要加以表扬奖励,对不好者要耐心引导教育,直至转变为止。 5. 实践锻炼法。可以尝试置身具体情景、在想象中置身具体环境等方法消除学生紧张的心理状态。还可以提示学生通过写日记进行自我监督。 拟采取的研究方法: 以"调查——研究——实践——总结"为研究模式,力图在调查中研究,在研究中实践,在实践中总结。 1. 调查研究法。课题研究前,先采用教师问卷、学生问卷、家长问卷和个案调查的方法,搜集研究对象有关的现状,弄清事实,进行分析、概括,发现问题,探索规律。 2. 个案研究法。通过学生的典型案例,开展以学生注意力转化和注意力加强的两方面为主的案例研究。 3. 行动研究法。定期调查小学生注意力转化的表现。 4. 经验总结法。及时总结经验,并形成书面材料。
研究阶段及完成时间	(一)准备阶段(2012年9月-10月) 1. 成立课题研究小组,撰写课题研究方案。主要工作包括相关资料的搜集和整理、课题研究方案的设计、课题组的成立、有关人员的培训等。 具体工作: (1)组织学习《小学高年级学生课堂注意力的培养研究》课题研究方案。 (2)成立课题组,召开课题组成员会议,明确研究任务。 组　　长:李金芝 副组长:吕艳玲 成　　员:曾洁、张伟、李华 2. 组织参与课题研究人员学习课题相关资料。 3. 小学生注意力现状调查与分析。 (二)课题实施阶段(2012年10月-2013年7月)

续表

	全面开展课题研究,选择合适的实验对象,进行具体实验,进行个案追踪与访谈,形成阶段性总结材料等。 具体工作: 1. 设计调查问卷,对学生注意力现状进行问卷调查与分析 2. 落实课题研究方案,及时召开课题研究会议,开展课题研究活动 3. 不断总结反思研究过程,形成初步的课题阶段总结 4. 定期召开课题组成员会议,及时发现问题,调整研究思路 5. 整理研究成果,进行成果展示,形成书面总结材料 (三)课题验收总结阶段(2013年8月—2013年9月) 主要工作是总结和整理研究成果等。 具体工作: 1. 组织结题培训,明确结题工作要求 2. 收集整理研究资料,撰写课题研究报告,写出课题研究总结报告 3. 申报结题
预期成果	1. 研究报告。 2. 相关论文、成果、案例等。
学校意见	*同意申报* 公章　　负责人(签章) 　　　年　　月　　日
镇街意见	*同意申报* 公章　　负责人(签章) 　　　年　　月　　日
教科室意见	 公章　　负责人(签章) 　　　年　　月　　日

第二节　课题鉴定申请表

课题编号及 课题名称	LYXKT12096　小学高年级学生课堂注意力的培养研究		
课题承担人	李金芝	工作单位	莱阳市西关小学
课题研究起止时间	2012.9—2013.9	申请鉴定时间	2013.12
鉴定方式	会议鉴定	联系电话	15106571377
主要研究人员	单　位	职务和职称	课题研究中所承担的工作
李金芝	莱阳市西关小学	副校长 一级教师	统筹规划课题、实施理论培训
吕艳玲	莱阳市西关小学	教导主任 一级教师	负责数据的收集、语文学科提高注意力的研究
曾洁	莱阳市西关小学	一级教师	负责数据的收集、数学学科提高注意力的研究
李华	莱阳市西关小学	二级教师	负责数据的收集、英语学科提高注意力的研究
张伟	莱阳市西关小学	一级教师	负责数据的收集、科学学科提高注意力的研究

（填表时间：2013年12月2日）

重要阶段性研究成果统计表

成果名称	作者姓名	成果形式	完成年月	出版单位或发表刊物名称、期号	获奖或转载情况
这样学习效率高	李金芝	优质课	2013.11	山东省教研室	
山东省小学生心理健康教育（四下）	李金芝	副主编	2012.10	山东画报出版社	
对调查问卷的整理与思考	李金芝	调查报告	2012.10		
对学生注意力水平的调查分析报告	李金芝	调查报告	2013.07		
拟提交鉴定成果名称、成果形式、成果的内容述要	\<td colspan="5">成果名称：《小学高年级学生课堂注意力的培养研究》 成果形式：研究报告 成果内容述要： 　　《小学高年级学生课堂注意力的培养研究》课题经过一年多的研究，最终得出在学科课堂上，教师适当加入短时学习竞争、游戏环节，适时变换课堂节奏，开设有效的心理健康课，学生的注意力会明显提高。 　　"短时学习竞争、游戏环节"是指语文课堂上，老师时常领学生开展"复述课文比赛""1分钟读词比赛""5分钟读书比赛""10分钟抄课文比赛"等活动。数学课堂上，口算、5分钟速算训练；科学课上看看谁发现的现象多；英语课堂集中注意力猜单词等十分钟以内的快速比赛。 　　"有效的心理健康课"是指"这样学习效率高"、"谁的速度快"、"幸福的童年"、"小猫钓鱼"、"老师头顶上的蜜蜂"等心理健康课的开设，让学生在快乐中学会集中注意力的方法。在任教的心理健康课堂上还有针对性地对学生进行注意力的训练：运用积极目标的力量指导学生学会排除干扰，对学生进行感官的训练。比如：我是坚强的小树、玩扑克、开火车、顶乒乓球、给数字画线、指读数字、复述数字、智力训练、堆火柴棍、钟表训练、舒尔特方格法、拼图、用7分钟写完1—300数字、捡豆子、走迷宫、认真做课间操、拍球、反口令等。
对成果的自我评价	研究报告对课题的提出与设计，课题的实践、研讨与总结做了详细记录；工作报告全面记录了一年来课题组的研究全过程与各项各类活动，两者均为今后提高小学生注意力的研究的深入开展提供了可靠的帮助。 　　本项研究属于应用性研究，注重解决实际问题，学生活动的展示都是课题研究的明显成效，把心理健康知识成功的运用到各个学科教学：语文课堂上，老师带领学生复述课文、1分钟读词、5分钟读书、10分钟抄课文；数学课堂上，进行口算、5分钟速算训练；科学课上看看谁发现的现象多；英语课堂集中注意力猜单词；"这样学习效率高"等心理健康课的开设，让学生在快乐中学会集中注意力的方法。在我任教的心理健康课堂上有针对性地对学生进行注意力的训练。运用积极目标的力量指导学生排除干扰，对学生进行感官的训练。比如：我是坚强的小树、玩扑克等。经过一年的实践与研究我们发现如果能完善对学生的调研过程中加入非实验4.1班、五年级学生的注意力调查分析，最后采用实验班与上述三个班级进行比对，效果会更好。				

单位 审核 意见	该课题完成预期研究任务,同意申请结题。 　　　　　　　　　公章　　负责人(签章) 　　　　　　　　　　　年　月　日
专家组 鉴　定 意　见	2014年1月7日,莱阳市教科室组织有关专家对莱阳市西关小学李金芝同志主持的莱阳市教育科学2012—2013学年度小课题《小学高年级学生课堂注意力的培养研究》(课题编号:LYXKT12096)进行了鉴定。鉴定组成员在认真听取课题组研究情况汇报、仔细审阅课题研究有关资料和充分交换意见的基础上,形成如下鉴定意见: 　　该课题针对小学高年级阶段注意力不集中的孩子完成学习任务花费的时间长、注意力不集中的孩子很难胜任难度较大的学习内容、注意力不集中会影响孩子的思维敏捷性、思维速度和书写速度等现实问题,依据心理学教育理论的基本要求,在认真整合和积极借鉴国内外有关研究经验的基础上,旨在探索培养学生的自律能力和良好的注意习惯,提高抗干扰能力和小学高年级学生课堂注意力的有效策略及方法。 　　该课题研究主要采用调查研究法、问卷调查法、个案研究法、行动研究法、经验总结法等研究方法,分析小学高年级学生课堂注意力差的分类及成因,研究创建加强小学高年级学生课堂注意力的有效策略及方法体系。 　　该课题研究指导思想正确,理论观点鲜明,研究方法科学,研究过程认真扎实,研究步骤完整、严密,研究成果可靠,在一定范围内推广后,取得了理想的研究成效,在同类学校、同类研究中处于领先水平。 　　专家组一致同意结题。 　　　　　　　　　　　　　　　　　　　专家签名: 　　　　　　　　　　　　　　　　　　　　年　月　日
教科室 审　批 意　见	 　　　　　　　　　　　　　　　　　公章　年　月　日

第三节　自我鉴定意见

《小学高年级学生课堂注意力的培养研究》是 2012 年 9 月由莱阳市教科室审批立项的莱阳市教育科学 2012－2013 学年度小课题，经过课题组成员的共同努力，已经圆满完成预定的研究任务，取得了预期的研究成效。现自我鉴定如下：

本课题针对注意力不集中的孩子完成学习任务花费的时间长、注意力不集中的孩子很难胜任难度较大的学习内容、注意力不集中会影响孩子的思维敏捷性、思维速度和书写速度等现实问题，依据现代教学理论和新课程标准的基本要求，在认真整合和积极借鉴国内外有关研究经验的基础上，旨在探索小学高年级学生课堂注意力的培养研究，并最终形成切实可行有效的小学高年级学生课堂注意力的培养研究教学模式。立题具有重要理论意义和教学实践意义。

本课题研究主要采用调查研究法、个案研究法、行动研究法、经验总结法等研究方法，比较全面地总结了我校小学高年级学生在注意力方面存在的问题，总结了小学高年级学生注意力发展的规律，分析小学高年级学生课堂注意力差的分类及成因。形成了加强小学高年级学生课堂注意力的有效策略及方法体系，提出了提高小学生注意力的方式方法。对推动小学高年级学生课堂注意力培养的研究的深入开展，具有重要的理论参考价值。《小学高年级学生课堂注意力的培养研究》课题经过一年多的研究，最终得出在学科课堂上，教师适当加入短时学习竞争、游戏环节，适时变换课堂节奏，开设有效的心理健康课，学生的注意力会明显提高的结论。

本课题研究理论观点鲜明，研究方法比较科学，研究过程认真扎实，研究步骤完整、严密，研究成果比较可靠，在一定范围内应用后，取得了较好的研究成效，在同类学校、同类研究中处于较高水平。

课题编号：LYXKT12096
课题主持人：李金芝
课题组成员：吕艳玲　曾洁　李华　张伟
报告执笔人：李金芝

参考文献

论文类：

陈国鹏,金瑜,黄志强,曾秀芹,王国红,刘申:《中小学生注意力测验》全国常模制定报告,《心理科学》,1998年第5期。

王亚杰:《浅析中小学生课堂注意力不集中的应对策略》,《新课程学习(上)》,2013年第10期。

王称丽,贺雯,莫琼琼:《7～15岁学生注意力发展特点及其与学业成绩的关系》,《上海教育科研》,2012年12期。

何新民:《授课模式与学生注意力的相关性》,《现代医用影像学》,2001年第5期。

张军翎:《中小学生的逻辑推断能力、元认知及记忆力水平与学业成绩的比较》,《德育与心理》,2009年第1期。

胡力:《维护学生课堂权益 关注学生课堂生活》,《湖南教育》,2003年第2期。

杨学智,秦建黎:《儿童多动症的病因诊断及中医治疗(综述)》,《北京中医药大学学报》,1999年第2期。

刘启明,黄素南:《增强学生注意力 提高课堂效率》,《广西教育学院学报》,2005年第1期。

蒋寿桐:《小学数学课堂学生注意力的培养》,《教育科研论坛》,2007年第6期。

江虹:《学生课堂学习注意力和记忆力调查分析及教学讨论》,《贵州教育学院学报》,2005年第3期。

唐庭媛:《课堂教学要培养学生的注意力》,《安徽文学(下半月)》,2006年第12期。

郭华军:《如何培养学生的注意力》,《新课程研究(基础教育)》,2007年第10期。

王平:《如何培养学生学习注意力的新探》,《中国校外教育(理论)》,2007年第9期。

张玉红,孙刚成:《如何有效控制学生的注意力》,《语文教学与研究》,2006年第35期。

谢同峰:《培养学生良好注意力四要素》,《现代教育科学(小学校长)》,2008年第1期。

王宏琰:《要善于培养学生的注意力》,《山西教育(综合版)》,2006年第10期。

石焱:《课堂调控学生注意力的有效方法》,《石油教育》,2006年第3期。

徐海萍,徐凤:《抱球桩对小学生注意力影响的理论研究》,《文体用品与科技》,2013年第2期。

刘艳:《关于在体育课中集中学生注意力的研究》,《南京体育学院学报》,2001年第3期。

吴广宏:《足球与乒乓球锻炼对小学生的注意广度影响的实验研究》,《北京体育大学学报》,2005年12期。

史正永,陈开顺:《隐性/显性注意区分及其语言学意义》,《外语研究》,2007年第3期。

丁锦宏,潘发达,王玉娟,陈怡:《9~13岁小学生注意力对学业成绩的影响》,《交通医学》,2012年第6期。

孔久春:《体育锻炼方式对儿童注意力稳定性的影响》,《中国学校卫生》,2012年第4期。

司继伟,陈小凤,徐继红:《不同数学水平儿童的数量估计:图形排列方式的影响》,《心理发展与教育》,2008年第3期。

程华山,陈惠芬:《儿童注意力与智力关系的研究》,《心理发展与教育》,1989年第1期。

黄泽鑫:《认真》,《小学生时空》,2002年第4期。

胡昕亮,景宇:《21世纪——注意力时代》,《全国优秀作文选(初中)》,2003年第9期。

许棣泰:《谈基教初段如何培养学生的注意力》,《中国西部科技》,2004年第10期。

尤金:《父与子》,《世界中学生文摘》,2004年第12期。

陈正刚:《有无结合开启注意力的大门》,《内蒙古统计》,2005年第2期。

田颖:《你具有很强的注意力吗?》,《小学生(中年级版)》,2005年第6期。

林崇德,白学军,李庆安:《关于智力研究的新进展》,《北京师范大学学报(社会科学版)》,2004年第1期。

著作类:

陈梦璋主编:《小学生心理与教育》,江苏教育出版社,1995年版。

关树文主编:《教师要学一点心理学》,内蒙古人民出版社,1984年版。

胡德辉、叶奕乾主编:《小学儿童心理学》,湖北教育出版社,1983年版。

陈家麟:《学校心理学》,教育科学出版社,1995年版。

周文主:《青少年智力开发与训练全书17 智力开发与训练》(上册),黑龙江出版社,2001年版。

人民教育出版社师范教材中心组编:《心理学教程》,人民教育出版社,2004年版。

张庆林:《当代认识心理学在教学中的应用》,西南师范大学出版社,1995年版。

刘爱伦:《思维心理学》,上海教育出版社,2002年版。

朱智贤:《有关儿童智力发展的几个问题》,北京师范大学出版社,1982年版。

梁宁建:《认知心理学》,上海教育出版社,2003年版。

全国常模指定报告:《中小学生注意力测验》。

皮连生:《教育心理学》,上海教育出版社,2004年第三版。

陈琦、刘儒德:《当代教育心理学》,北京师范大学出版社,1997年版。

冯忠良等:《教育心理学》,人民教育出版社,2000年版。

邵瑞珍:《教育心理学》,上海教育出版社,1997年第二版。

皮连生:《学与教的心理学》,华东师范大学出版社,1997年版。

后　记

在整理书稿，梳理文字的繁重工作中，我常常忍不住热泪盈眶。因为在这些散发着墨香的文字背后，我体验更多的东西是感动——发自内心的感动。

我是幸运的。在学习与成长的路上，我遇到了很多指路的明灯。正因为有这些指路的明灯，鞭策着我，使我不敢有一丝懈怠之心：从2012年9月着手申请小课题研究到2014年课题的顺利结题；从最初的生剥硬吞专业术语、如履薄冰地做研究；到现在，在我的指导老师引领下，我已经能做较深入的思考，这个结果是我始料不及的。

我是幸福的。在策划和编写的时候，得到了许多同行的关怀和帮助，幸福瞬间像一张张蒙太奇镜头从眼前一一呈现：市教体局教科室的张俊娥老师不厌其烦地为我修正小课题研究命题，叮嘱我以一种什么样的心态去研究，在研究中如何对待课题中的生成，如何适时调整研究的方向；课题组成员吕艳玲不顾身体带来的病痛，坐在教室一隅，清点每个教学环节学生的不同情绪反应人数；课题组成员曾洁、张伟、李华对课题组提出的每一个观察、调查方案，无怨无悔，任劳任怨。我的同行陈晓燕、谭光霞对我的心理健康课更是给予了无私、细致地指导。

我深深地感悟到：一本书的完成既凝结着我的劳动和汗水，更难以忘怀的是大家对我艰辛无私的付出，在此向他们致以诚挚的谢意！

本书编写过程中，借鉴和参考了大量的文献和资料，从中获得了很大的启发，也吸取了很多的精髓，在此，向各位专家表示崇高的敬意！

由于编者水平有限，书中不足之处难免，敬请广大读者指正。

李金芝

2015年1月20日